四川省教育厅青年基金项目资助

马克思主义
与当代社会发展研究系列丛书

风险治理
与和谐社会构建

风险感知视角下科技决策面临的挑战及优化研究

孙壮珍◎著

中国社会科学出版社

图书在版编目(CIP)数据

风险治理与和谐社会构建：风险感知视角下科技决策面临的挑战及优化研究/孙壮珍著. —北京：中国社会科学出版社，2017.4

ISBN 978 - 7 - 5161 - 9830 - 8

Ⅰ.①风⋯ Ⅱ.①孙⋯ Ⅲ.①科学技术—决策—研究—中国

Ⅳ.①G322.0

中国版本图书馆 CIP 数据核字（2017）第 025280 号

出 版 人	赵剑英
选题策划	刘　艳
责任编辑	刘　艳
责任校对	陈　晨
责任印制	戴　宽

出　　　版	中国社会科学出版社
社　　　址	北京鼓楼西大街甲 158 号
邮　　　编	100720
网　　　址	http://www.csspw.cn
发 行 部	010 - 84083685
门 市 部	010 - 84029450
经　　　销	新华书店及其他书店

印　　　装	北京君升印刷有限公司
版　　　次	2017 年 4 月第 1 版
印　　　次	2017 年 4 月第 1 次印刷

开　　　本	710×1000　1/16
印　　　张	10.75
插　　　页	2
字　　　数	135 千字
定　　　价	56.00 元

凡购买中国社会科学出版社图书,如有质量问题请与本社营销中心联系调换
电话:010 - 84083683

前　　言

国家诸多科技决策不但具有长期性与不可逆转性，而且往往涉及很大的外部性，如对环境、健康、文化遗存、社会公平与正义、经济发展等可能构成影响，必然受到公众批判性的关注。因而在面对公众日益关注的技术风险，在公众日益敏感的科技决策过程中，公众的态度就显得尤为重要，因为个人根据他们对风险的感知做出回应，而不是根据一个客观的风险水平或对风险的科学评估，科学评估只在它们融入个人感知时才是个人对风险反应的一部分。因此一项科技决策能否争取到公众的理解和支持，某种程度上决定了这项科技决策是否具有公正性与客观性、责任性、知识质量及其效能与效率。

由于公众对技术风险的感知虽基于客观事实，但在很大程度上存在一定的"主观建构性"，现实中公众对一些技术风险感知带来的深度忧虑和强烈抵制给科技决策带来一定的挑战。全书分析了造成这种挑战的时代背景与个体特征；并通过案例研究方法与问卷调查方法展示造成这种挑战的现实状况，最后针对这种挑战提出相应的优化对策。

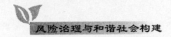
　　本书的核心观点认为目前科技决策的制定还基本限于定量的风险评估与标准化的方法，缺乏对公众风险感知的考虑，使隐含着复杂社会、心理、行为等因素的科技决策问题，仅仅被局限在纯科学议程的藩篱中，缺乏多元化视角的认识模式，从而在界定和解决未知与不确定性科技问题时，难免存在视野狭隘或偏颇。因此，为了更好地在不确定的、面向未来的情况下制定决策，应考虑引入"非标准化"（non-standard）的科学方法，努力设计把公众的风险感知引入科技决策的程序，为决策者提供多样化的视角以及多重标准来创造出更全面的科技决策选择。

目　　录

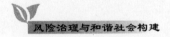

第一章　绪论

一　研究背景

公共决策是政府对社会事务进行管理的最主要的手段与形式，在整个政府社会管理的实践中都有鲜明的体现。赵成根在《民主与公共决策研究》一书中对公共决策做出了比较全面详尽的定义，他提出"公共决策的过程是政府决策者运用其掌握的决策权力，解决公共问题，处理公共事务的过程；是在专家学者的辅助下，按照科学的规律，在多种可供选择的政策方案中，权衡利弊得失，选择最优政策的过程；也是各种社会政治力量运用其所拥有的政治资源以及因此形成的政治影响力，对政府决策施加影响，进行谈判、协商、交易和妥协，和决策者对各种社会主体利益要求、意愿与愿望做出反应、综合平衡的过程"[①]。科技决策是公共决策最重要的组成部分，由于技术风险的极端复杂性、高度不确定性，涉及社会、政治、经济和生活的各个方面，从而使其应对与处理更为复杂。

---

① 赵成根：《民主与公共决策研究》，黑龙江人民出版社 2000 年版，第 2 页。

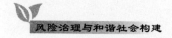

很长一段时间以来，公众都认为科学技术的进步自动地与所有的经济增长和繁荣相伴而生，引进新技术从来不是一个问题。然而，自20世纪70年代以来，随着越来越多的话题谈论有关使用新技术的风险和不良副作用，对技术的争议成为当代社会的一个重要特征，如何在科技本身价值实现过程中充分发挥科技的正面价值，而同时又能最大限度控制规避其风险，已经成为现代社会所面临的重大挑战，成为未来政府公共决策的重要使命。巴里·康芒纳就认为："科学进步带来的问题，虽然来自科学知识和技术成就（也有的是失败），要求得到解决却只能诉诸道德判断和政治抉择。"[①]

（一）风险社会的到来，技术风险日益成为关注的焦点

在贝克看来，我们现在正生活在一个风险社会中，被事故、技术错误、生态灾难、专业人员误判，以及难以控制的科学发现的风险扰得心绪不安，风险已成为一个公共话题和政治辩论中的关键概念。

贝克、吉登斯、卢曼在20世纪80年代末90年代初从宏观层面对一些重要的风险理论进行了阐述，尤其是贝克，他在《风险社会》一书中指出当代西方社会的特征就是各种风险，这些风险表现出与以往不同的特征，诸如人为性、全球性等，其中最为典型的特征就是这些风险大都表现出与科学有一定的关联，一方面，现代社会的风险是由科学制造和界定的，另一方面科学并不能控制这些风险。贝克认为，"随着现代科技的发展，生产效率的提高，财富分配和不平等问

---

① ［美］格雷厄姆：《寂静的春天续篇》，罗进德、薛励廉译，科学技术文献出版社1988年版，第10页。

题得到了有效的改善，但是人类面临着新出现的技术性风险，如核风险、化学产品风险、基因工程风险、生态灾难风险等"。①

公众关注的焦点也随之从传统的外部风险转向这些现代的人造风险。吉登斯认为外部风险是由传统与自然产生的，而人造风险则主要是由不断发展的知识、不断改善的技术带来的。吉登斯指出，"在所有传统文化中，在工业社会中以及直到今天，人类担心的都是来自外部的风险，如糟糕的收成、洪灾、瘟疫或者饥荒等。然而，从某个时刻（从历史的角度说，也就是最近），我们开始很少担心自然能对我们怎么样，而更多地担心我们对自然所做的。这标志着外部风险占主导地位转变成了被制造出来的风险占主要地位。"② 吉登斯指出现代性风险的最主要的方面就是来自对现代性危险与威胁所具有的反思性，即由技术的不确定性以及科技的难以预测性所带来的风险。

科学技术的使用开始被认为是一把双刃剑，在给社会带来发展的同时，也隐含了一种风险。从 20 世纪五六十年代开始，在国际上兴起了一系列关于技术风险的争论与争议，这些风险话语关注的主要是科技发展带来的环境的、伦理的与心智的问题。这些对技术风险关注的话语中往往有一个时代主题的转换：从最早的核能问题到环境问题再转向生物技术问题，通过对相关事件的交流过程、被卷入的不同主题、不同的参与者以及参与者之间的关系、公众的作用、交流的模式、风险研究的范式、学科途径以及对争议与讨论所进行的结构性分析上，可以进行一个粗略的分期：风险话语在 20 世纪 50 年代出现，

---

① ［德］乌尔里希·贝克：《风险社会》，何博闻译，译林出版社 2004 年版，第 23 页。
② ［英］安东尼·吉登斯：《现代性的后果》，田禾译，译林出版社 1989 年版，第 38 页。

早期的主要议题是核能以及核废料的处理与选址的争论，最早对技术风险的研究大都以核风险为研究对象，引发了公众对科学技术中伦理与价值的关注，由于这种风险深入人心，加之几次核事故的影响，导致公众对核风险以及核废料的处理与选址一直争执不休，延续至今；从 20 世纪 60 年代开始，公众开始由对核风险的关注引发了对其他危险化学品的关注，主要关注危险化学品对生态环境以及人体健康的影响，如杀虫剂（农药 DDT）等；到 20 世纪末，随着转基因农作物在一些国家商业化的应用，转基因风险开始成为争论的焦点，随之其他的生物技术尤其是医疗生物技术，诸如胚胎干细胞、克隆技术、辅助生殖技术、基因治疗及优生学等医疗生物技术都面临着公众伦理上强烈的争论与质疑：它们是不是违背了伦理？会不会在发展到一定阶段的时候给人类带来毁灭？到 21 世纪初，纳米技术开始得到广泛的发展与应用，由于其毒性可能会给人体带来的危害，以及其难以生物降解性导致其可能会成为新型的污染物，给生态环境带来一定的影响，由此引发了公众对纳米技术风险的关注；而最近几年，由于全球能源可持续供应的减少以及温室气体排放等问题的出现，全球气候变化、日益增长的能源需求与能源安全问题日益成为公众关注的焦点，一些新能源技术与减少温室气体排放的技术中隐含的风险开始被公众所关注，诸如 CCS（碳捕捉与封存技术）、页岩气开采等技术中的风险日益成为公众关注的重点。

（二）随着科学技术的社会化，争议性科学议题产生

随着科学技术的迅猛发展及对社会影响的深入，社会的发展越来越技术化、科学化，科学已不再是与政治、政策相分离的活动。

科学的文化，即独立的、还原的、自我指涉的文化已经大易其貌，用拉图尔的话而言就是已经变为了一种更加平民化、多元化与开放的研究文化，"社会的"已经被吸收进入"科学的"。许多与科学相关的问题开始进入社会，以公共科学议题的形式引发公众的关注和讨论，伴随着科学发展对社会影响的不断增加，环境价值与技术发展之间的张力不断凸显，公众对新的技术可能造成的环境和健康伤害的担忧日益增加，社会对科学家和政府的信任度下降，科学争议开始集中爆发。

近年来实践中的经验，诸如对转基因食品、环境政策、核能源的运用等重大公共科学议题的讨论与争议中，科学事实的高度不确定性与决策的公共利益纠缠在一起，决策领域中的各种假设、认知、见解是相互竞争、矛盾甚至冲突的，涉及了多领域学科与自然科学以外的知识与价值，诸如健康、生态环境、社会价值观、伦理标准等不确定因素，往往引发公众的关注与讨论。但遗憾的是，当前对这些重大争议性科学议题的讨论往往不欢而散，有时甚至形成严重的对立，乃至发生群体性事件，这样的结局，给有关公共科学议题决策的制定和施行都带来了严重的影响。

公众对科学日渐怀疑，他们并不总是接受政府所谓技术发展可以带来福祉的观念，也不接受专家的"专业"预测。就如安东尼·吉登斯指出的"在风险社会中，新的高速公路、垃圾焚烧厂、化工厂、原子能电站、生物技术工厂和研究所等遭遇到了直接受到影响的团体的抵抗。各个层次的行政机关都发现自己面对着这样的事实：即它们为所有人谋福利的计划却被某些人当作是诅咒而加以反对，因此它们以及工厂和研究机构的专家们失去了方向，它们坚

信，自己据其知识尽最大努力制定这些计划是'有理性的'，是为了'公众的利益'"①。但公众却不这么认为。因此现实中面临的各种与高度不确定性、低价值共识性和决策紧迫性相关联的科学议题的争论，都日益显现出科技决策难题。

二 研究意义

国家诸多科技决策不但具有长期性与不可逆转性，而且往往涉及很大的外部性，如对环境、健康、文化遗存、社会公平与正义、经济发展等可能构成影响，必然受到公众批判性的关注。因而在面对公众日益关注的技术风险，在公众日益敏感的科技决策过程中，公众的态度就显得尤为重要，因为个人根据他们对风险的感知做出回应，而不是根据一个客观的风险水平或对风险的科学评估，科学评估只在它们融入个人感知时才是个人对风险反应的一部分。因此一项科技决策能否争取到公众的理解和支持，某种程度上决定了这项科技决策是否具有公正性与客观性、责任性、知识质量及其效能与效率。

而现代风险的一大特点就是它的"建构性"，斯科特·拉什就认为不存在所谓的"真实风险"或"客观风险"，认为风险是以公众的感知为基础，也就是说，人们对风险的主观感知和想象在很大程度上"塑形"着现代风险。② 加之近年来，由于受媒介传播社会与文化环境等因素的影响，认知主体风险感知的概率值得到增强，

---

① ［英］安东尼·吉登斯：《现代性的后果》，田禾译，译林出版社 2001 年版，第 18—22 页。
② ［英］斯科特·拉什：《风险社会与风险文化》，王武龙编译，《马克思主义与现实》2002 年第 4 期。

公众对争议性技术风险的感知不断强化，风险相比以前已成为一个更强大的"恐惧"元素的代名词。虽然与工业化、极端化相关的灾难性的风险，从概率的角度来看，这样的灾难性的事件往往是极不可能的，但这个情况会被描述为一种感觉"……我们时刻处于极低概率的非常可怕的事件之中"，① 公众开始对政策的正当性进行质疑，导致社会恐慌与政府信任危机的产生。

公众与科学家和工程师往往有非常不同的风险感知，"关于危险和风险的判断常常是一种带有很强的主观性色彩的反思性判断，不同风险文化中的不同的判断主体，甚至同一种风险文化中的不同的判断主体，对同一种危险和风险进行反思后所做出的判断，无论从其判断方式还是从其判断结果上看，都往往呈现出很大的差异"②。公众有着一个广义的、定性的、复杂的风险概念，这一概念在风险的方程中混合了不确定性、恐怖性、毁灭性潜能、可控制性、公平性、对未来的影响以及其他诸种因素。与此相反地，专家的风险感知并不与这些维度或作为这些维度基础的各种特征密切相关，研究显示专家倾向于将风险视为"预期死亡率"的同义词，由于这些不同的视角，专家与外行拥有的不同定义可能导致许多关于风险感知的冲突，在风险感知的多重维度背后，潜藏着合法化和价值负载的议题，而这些议题是科技决策中必须加以考虑的。③

---

① Douglas M, Wildavsky A B. Risk and culture: an essay on the selection of technical and environmental dangers. Berkeley and London: Univ. of California Press, 1982, p. 102.

② Ibid.

③ Slovic P. Trust, emotion, sex, politics, and science: surveying the risk assessment battlefield, Risk Analysis, Vol. 19, No. 4, 1999, pp. 689 – 701.

在决策过程中忽视公众的风险感知是非常危险的，因为它不仅是一个心理的过程，而且会导致直接的行动后果："在对相关事件的风险感知的过程中会与公众的心理、社会、制度和文化进行互动，会在一定程度上加强或削弱公众的风险意识，塑造公众的风险行为，而反过来，公众的行为模式又会导致次级的社会或经济的后果。"① 诸如在一些技术风险的邻避类的项目中，公众的风险感知集聚到一定程度就会形成强烈的社会张力，往往会爆发大规模的集群行为，影响决策的顺利执行。

正因为公众对一些技术风险感知带来的深度忧虑和强烈抵制造成了公共决策的困局，对公众风险感知的研究已成为技术与危险管理领域的研究话题，对公众的风险感知进行研究，虽不能代替科学的判断，但可以为科技决策者提供公众对不同风险来源的关注与尺度，事实上，公众对一种新技术或新产品的风险感知水平其实是对潜在危害的一种警惕。可以展示人们在为他们的生活制定优先次序的潜在的权衡，可以帮助决策者更加全面地预测决策的影响和后果，只有把公众的风险感知作为科技决策背后的驱动力，才有可能真正了解公众担心什么，他们的真正诉求是什么，从而从源头上化解科技决策面临的困境。本研究基于公众风险感知的视角，对于科技决策面临的困境进行解读，并试图找到治理此类事件的良策，对于新时期下更全面地认识科技项目的社会价值，正确处理改革、发展和稳定的关系具有重要的现实意义。

---

① Renn O, Burns W J, Kasperson J X, Kasperson R E, Slovic P. The social amplification of risk: theoretical foundations and empirical applications. Journal of Social Issues. Vol. 48, No. 4, 1992, pp. 137 – 160.

三　基本思路与研究框架

本书研究的出发点，在于现实中公众对一些技术风险感知带来的深度忧虑和强烈抵制造成了科技决策的困局，本研究分析造成这种挑战的时代背景、个体特征；并通过案例研究方法与问卷调查方法分析造成这种挑战的现实状况，最后针对这种挑战，提出相应的优化对策。全书研究的具体提纲及思路如下：

第一章阐述了选题的背景和研究意义，简单介绍了全书的研究思路和研究方法，以及研究的创新点。

第二章对全书相关概念的界定与相关理论的阐述：先是对全书中涉及的风险及科技决策的概念进行了界定，然后对相关理论进行了梳理与归纳，主要对风险感知的研究脉络以及对风险感知视角下科技决策研究的相关主题进行了阐述。

第三章对公众风险感知视角下科技决策面临挑战的时代背景进行分析，对其面临的本质层面、心理层面、风险沟通以及利益博弈各个方面面临的大的背景进行了逐一阐述，分析大的时代背景给公众风险感知及科技决策带来的挑战。

第四章通过对当代大学生开展的问卷调查的研究，解析公众在科技风险感知中的行为反应及行为特征，分析风险感知给科技决策带来挑战的个体背景。

第五章以国外页岩气技术的发展为例，选取美国、英国、波兰及德国几个典型性的国家为代表，分析了每个国家公众的风险感知、对待风险的态度以及对政府决策造成的影响，从经验角度呈现了现实中

公众对一项技术的风险感知、态度对科技决策造成的挑战。

　　第六章利用实证调查的方法，对公众在日常生活中对科技风险的认知与态度结合科技决策中的现实情况进行分析，揭示公众风险感知给科技决策带来的挑战。

　　第七章提出嵌入公众风险感知的科技决策的优化路径：在协商民主理念的指导下，推进纳入公众风险感知的科技决策的程序建设，构建纳入公众风险感知的风险评估、风险沟通及依据公众风险感知的弹性适应机制。

　　第八章总结与展望：对全书进行了总结，并对未来研究进行了展望。

　　全书的整体逻辑结构如下：

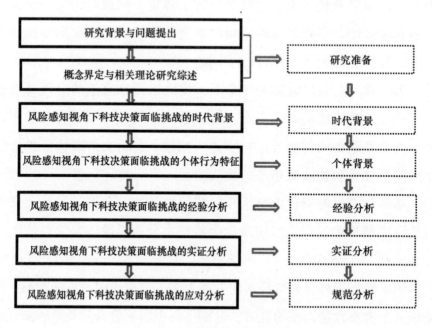

图 1.1　全书的整体逻辑结构图

四 研究方法与创新点

（一）研究方法

全书采用的主要研究方法如下：

1. 文献研究法

文献分析法主要指搜集、鉴别、整理文献，并通过对文献的研究，形成对事实科学认识的方法。本书对国内外风险感知及风险感知与科技决策的相关理论和相关研究成果进行了系统的梳理，了解相关研究的历史与现状，呈现了相关研究的整体脉络，并参考与借鉴相关的理论与研究成果。

2. 问卷调查法

问卷调查法是调查者运用统一设计的问卷向被选取的调查对象了解情况或征询意见的调查方法。由于公众对科技风险的感知虽基于客观事实，但很大程度上存在着一定的"主观建构性"，因此想要科学地了解其对科技决策带来的挑战，对此进行问卷调查非常必要。本论著分别对公众在科技风险感知的行为特征及表现，以及公众科技风险感知对科技决策造成挑战进行了问卷设计及调查，了解公众对这一问题的看法与意见。

3. 案例研究法

案例研究法是一种运用历史数据、档案材料、访谈、观察等方法收集数据，运用可靠技术对一个事件进行分析从而得出带有普遍性结论的研究方法。本研究通过美国、英国、波兰与德国页岩气技术的发展现状为例，分析由于公众对其收益感知与危害感知的不

同，导致的风险感知的差异，而这种差异给这种技术决策带来了一定的影响，用案例研究法说明了公众的风险感知会显著影响到各国各地政府的对技术的规划和决策。

4. 跨学科研究的方法

本研究是跨学科研究，研究的主题涉及社会学、心理学、公共管理、政治学等学科，实现对公众风险感知对科技决策挑战及优化的整合性研究。

（二）研究的主要创新点

1. 对国内公众科技风险感知实证研究的方面有一定补充与创新

在国外对公众科技风险感知的实证研究相对较多，但国内开展的相关实证研究相对较少，本书的研究对中国公众科技风险感知实证研究方面有一定的补充与创新：本书着眼于宏观的视角进行了两次关于科技风险感知的问卷调查，一次主要了解公众在科技风险感知中的行为表现与行为态度（如获取风险的途径、对风险的规避能力与意识以及对风险的表达态度等）；另一次主要了解公众风险感知中对一些价值因素的关注（如风险的可接受性、对政府的信任、公众与专家风险感知的差异以及邻避设施的选址等）。另外本书并没局限于实证研究的结果，而是力图透过现象发现内在本质，把对数据的分析与科技决策中的一些现实情况相结合进行深入分析，通过对调查数据的分析来发现目前的时代背景（如社会化媒体的出现）给中国公众科技风险感知的影响，发现中国公众科技风险感知中的一些独特特征，了解中国公众科技风险感知的价值观与偏好，并分析这些特征、价值观与偏好给目前中国的科技决策带来的挑

战，这些实证研究不仅体现了一定的本土化与时代性，而且为科学化决策建议的提出提供了实证支持与现实依据。

2. 对嵌入公众风险感知的科技决策的优化进行一定的探索

本研究在分析了公众风险感知给科技决策带来的挑战的基础上，从实然走向应然，对嵌入公众风险感知的科技决策优化的理念与程序进行了一定的探索。本研究认为目前的科技决策局限于运用标准化的方法与定量的风险评估，缺乏对公众风险感知的考虑，因此对嵌入公众风险感知的科技决策进行宏观与微观的构建：提出在协商民主理念的指导下，从决策前、决策中及决策后纳入公众的风险感知，并对如何在风险评估、风险沟通及后期决策的调适机制中纳入公众风险感知进行了决策程序的具体构建与设计。这里最主要的创新在于目前一些涉及科技决策优化的程序多集中于风险评估与风险沟通，本书除了对这两个方面进行了具体的构建外，最主要的是，还提出不仅关注决策前与决策中，还应关注在决策后建立依据公众风险感知构建灵敏的反应机制、动态的调适机制，促进科技决策与公众感知的有效耦合的观点，增强政策的适应性，为研究争议性科技决策程序的优化提供一个新的探索角度。

第二章　概念界定与相关理论研究综述

一　概念界定

（一）风险

风险是一个长期使用的术语，这个概念不论在外延与内涵上都有多种含义。其传统的技术含义是指：危险发生的概率或频率的组合，造成后果的严重性；往往是指一个特定的潜在有害事件多久将发生，以及这种情况的后果是什么？[①] 而在社会学的意义中，"风险"的概念不仅仅是一个事件的潜在结果的不确定性，还代表了不必要的和不幸事件的危险。因此，"风险"可以被定义为物理、社会或财务上的危害、伤害、损失，以及在一个特定的时间框架内的危险的可能性。危险"是指一种情况、事件或物质，它可以是有害的人，自然或人类制造的设施。危险是一个物理实体，而风险不是；风险是一个关于暴露

---

① Harding R. Environmental decision-making: the roles of scientists, engineers and the public, Sydney: The Federation Press, 1998, p. 167.

于它的人（或自然，或资产）所遭遇的危险影响的一种推论"。①

在历史的纵向发展中，风险分为三类：传统型风险、工业福利国家型风险、技术科学型风险。传统型风险可以规责于个人，且在时间上有其限度。这类风险往往是公众自愿作为，社会可以对其规范化，最终加以制裁（例如商业风险）。工业福利国家型风险遵循的是目的理性，乃是个人与社会的经济和政治行为的主导模式。通过数学模型和保险机构的制度化，对这类风险的应对可以达到科学化的水平，这类风险的潜在影响是可以把握的，损害的根源和后果在空间和时间上在很大程度上是可控的。技术科学所导致的风险又可以分为老风险与新风险，老风险的特征与工业福利国家型风险类似，新型的技术科学性风险主要表现为突然出现的技术风险和"长期"才能感知的生态风险，不仅在根源方面而且在后果影响上，不存在归责于个人的责任，而且这类风险很难限制。② 本研究提到的风险感知主要是针对新型的技术科学型风险。

在横向的分类上，国际风险管理理事会（International Risk Governance Council，IRGC）根据风险的负面后果、风险因子的确定性以及风险的价值争议性把风险分为简单风险、复杂风险、不确定性风险以及模棱两可风险四类，如表2.1。而本书界定的主要指涉及第三类不确定性的科技风险与第四类模棱两可的风险，这两类风险信息在社会中，不同的利益相关者可能会对其做出不同的解释，往往在风险的容忍性与标准的接受性上有不同的观点，在对风险影响

① Drottz B M. Perception of risk: studies of risk attitudes, perceptions and definitions. Center for Risk Research, Stockholm School of Economics, 1991.

② 刘刚：《风险规制：德国的理论与实践》，法律出版社2012年版，第36—37页。

的事实解释和预测以及应该被保护还是减少的价值与优先性上也往往受到激烈的争议。

表2.1　　　国际风险管理理事会的风险分类（Renn O，2012）

风险分类	含义与特点	范　例
简单风险	指那些因果关系清楚并已达成共识的风险，潜在的负面后果是显而易见的，应用价值是无可争议的，和其余的不确定性很低	已知的食品和健康风险、定期重复发生的自然灾害
复杂风险	复杂的风险问题往往与重大科学不同的意见相联系，主要是指很难识别或者很难量化风险源和风险结果之间的关系、常有大量潜在风险因子和可能结果的风险；其复杂性可能是由风险源各因子间复杂的协同或对抗作用、风险结果对风险源的滞后作用，以及多种干扰变量等引起	大坝风险、典型传染病
不确定性风险	指影响因素已经明确，但潜在的损害和可能性未知或高度不确定、对不利影响或其可能性还不能准确描述的风险；由于该风险的相关知识不完备、决策的科学和技术基础不清晰，在风险评估中往往需要依靠不确定的猜想和预测	地震、新型的传染病、新型技术的应用
模棱两可风险	解释性模糊指对同一评估结果的不同解释（比如是否有不利影响）存在争议	PX化工风险（在中国）
	风险标准性模糊对存在风险的证据已经没有争议，但对可容忍或可接受的风险界限的划分还存在分歧	转基因食物、核电、垃圾焚烧

　　总体而言，本书中界定的风险在纵向上表现为新型的技术科学型风险；在横向上针对的是不确定性的科技风险与存在争议的模棱两可的风险。

（二）科技决策

随着科学技术越来越渗透到社会生活的方方面面，科学、技术与社会之间的互动不断增强，科学技术不仅成为公共决策的重要内容，而且越来越成为公共决策的基础，目前主要包括两大类科技决策。

一类是有关科学技术本身的决策，即为促进某项科技研究提供合适的环境；另一类便是利用科学的决策，也就是以科学技术为基础的决策，利用科学发现、发明和创新为实现社会、经济、政治目标服务。在当代，科学技术无处不在，政府进行的绝大多数决策，包括国防、环境、卫生与健康等事关国家发展目标的领域以及重大工程项目的立项，乃至全球气候变化、反恐、可持续发展等全球治理问题，都涉及科学技术的相关内容，都要以科学为依据进行决策。甚至公众的日常生活，诸如是否可以食用超市的食品、垃圾焚烧等，都需要依据科学技术的最新成果做出决策。

有学者依据其功能不同将科技决策分为四类：[①] 为科学的决策、为决策的科学、为技术的决策与为决策的技术，如表 2.2。

表 2.2   科技决策的分类

类 别	影响科学技术的决策	科学技术为决策提供服务
科学	为科学的决策 如：国家是否应该支持干细胞研究	为决策的科学 如：国家应对气候变化行动中相关的科学依据
技术	为技术的决策 如：是否应该支持或控制新兴的纳米技术	为决策的技术 如：垃圾焚烧中相关技术手段标准的制定

———————————

[①] Stine D D. Science and Technology Policymaking：A Primer. Congressional Research Service Reports，2009.

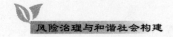
与科学技术相关的决策问题解决方案的复杂与困难之处在于，科学的概念在不断地自我发展与更新，当科学被置于决策环境中，就有可能产生事实的不确定性、价值观的争论以及较高的风险，在决策制定不可回避的情景下，在现实中必然会使用"无知的未知"这种新的术语，科技决策往往不得不在无法预知结果走向的情景下做出。而且目前在科技决策中不确定性不仅仅是一种偶然，它已经成为一种常态，诸如在核技术、一些危险化学品、转基因技术、医疗生物技术以及新型的能源技术的科学评估中都包含着许多种类的不确定性，而且不是所有这些不确定性都可以在实践中被有效控制，同时一些错误决策的影响可能是十分巨大与不可逆转的。

本研究涉及的科技决策并非广泛意义的"科技决策"，仅界定为涉及"具有巨大的不确定性，涉及广泛的利益得失以及具有价值观念争论的科学议题"的科技决策，其对应的风险是"不确定的风险以及具有争议性的模棱两可的风险"。

二　文献综述

（一）风险感知

对风险感知（Risk Perception）的研究无论从理论研究还是在实践探索中一直是学者关注的重要主题，几十年来在各个方面对其的研究成果非常丰富。最早对风险感知的研究主要来自于实验心理学方面，卡纳曼（Kahneman）和特夫斯基（Tversky）曾探索了公众在风险感知中的心智策略或心理捷径，提出了可获得性、代表性、锚定等心理捷径，并认为这些心智策略在进行风险评估时可能会导致所谓的"偏误"。[①]

后期，随着欧美一些人类学家、社会学家及心理学家对风险感知展开了一系列富有成效的理论探讨和经验研究，逐渐在社会科学领域形成了两大风险感知理论流派。

一、心理测量（Psychometric Paradigm）流派，其代表人物是保罗·斯洛维奇（Paul Slovic）、菲施霍夫（Fischhoff B）、里纳特·舍贝里（Lennart Sjoberg）等人，他们主要运用心理学方法研究风险问题，侧重对现实风险来源的主观特征和感受的测量。他们认为公众风险感知的来源大多时候并不是基于"预期死亡率"这样的定量分析，而是具有多种维度的影响，公众风险感知往往会受到数据数值以外其他因素的影响，保罗·斯洛维奇、菲施霍夫等人就提出"个人可以控制的风险比别人控制的风险感知更容易接受；明确收益的风险比收益小而风险大的风险更容易接受；自愿的风险比强制的风险更容易接受；公平分配的风险比不公平的风险更容易接受；自愿的风险比人为的风险更容易接受；被统计的风险比灾难性风险更容易接受；受信任源产生的风险比可疑源产生的风险更容易接受；熟悉的风险比不熟悉的风险更容易接受；被认为影响成年人的风险比认为影响儿童的风险更容易接受"。[②] 后期 Sjöberg L 认为人们会选择使用多维度来评估风险，他认为对自愿和潜在的灾难性风

---

① Kahneman D, Slovic P, Tversky A. Judgment under uncertainty: Heuristics and Biases. Cambridge: Cambridge University Press, 1982.

② Fischhoff B, Lichtenstein S, Slovic P, Derby S L, Keeney R L. Acceptable risk, Cambridge: Cambridge University Press, 1981, p. 78.

险感知程度的整体印象的解释维度更优先于风险缓解措施，并提出了把"篡改自然"这一变量作为风险感知的一个主要决定因素，他通过一系列实证分析证实这一观点。[①] 值得注意的是，在风险感知心理测量流派中，一些心理学家开始逐渐不满足于这种缺乏动态视角与忽视环境因素的风险感知模型，因此，尝试将风险感知和风险沟通的角度进行结合，并吸收其他社会心理学的理论，提出风险的社会放大理论（SAEF），卡斯帕森（Kasperson）等认为风险信息是社会事件释放的信号，这些信息经过各种社会和个人放大站的过滤，会出现强化或弱化的现象。风险的社会放大旨在提供一个整体的框架，在框架中不仅综合各种学科背景，而且将大众传媒与人的认知与交流、行为态度的改变与风险感知进行了结合。

二、风险的"文化理论"流派，主要以道格拉斯（Douglas M）、怀尔达夫斯基（Wildavsky A）、迈克·汤姆森等学者为代表，该流派试图理解认知主体的风险感知主要是通过其相关的生活方式，他们强调社会规范、价值体系及文化特征会影响与决定个人对风险的评估；[②] 关注的焦点在于不同人理解风险的不同方式，关注不同人在风险感知时构建其社会（亚）文化的身份认同和成员身份的方式，对风险的感知跨越了自我和他者的界限，侧重研究人在日常生活语境中对风险的理解。在"文化研究路径"看来，风险并非

---

① Sjöberg L. A discussion of the limitations of the psychometric and cultural theory approaches to risk perception. Radiation Protection Dosimetry, Vol. 68, 1995; Sjöberg L. Risk perceptions by politicians and the public, Rhizikon. Risk Research Reports, Stockholm School of Economics, Center for Risk Research, No. 24, 1996; Sjöberg L. Perceived risk and tampering with nature. Journal of Risk Research. Vol. 3, No. 4, 2000.

② Douglas M, Wildavsky A B. Risk and culture: an essay on the selection of technical and environmental dangers. Berkeley and London: Univ. of California Press. 1982; Thompson M, Ellis R, Wildavsky A. Cultural Theory. Boulder Colo.: Westview Press. 1990.

一种"客观实体",而是一种建构物,会受到社会、文化等因素的影响,因而不能完全脱离其发生的背景而单独对其进行测量,因此,每一个社会或者社会群体都有其认为值得关注的独特的风险,这些都基于他们的"世界观"。风险的"文化理论"领域的研究有描述性的定性研究,也有实证性的量化研究,一些学者(Sjöberg L)利用欧洲及美国的数据分析了公众风险感知的差异以及对风险感知的决定性因素等。[①] 奥尔特温·雷恩(Renn O)、伯内德·罗尔曼(Rohrmann B)等人通过对欧美发达地区、东欧保加利亚和罗马尼亚、亚洲中国和日本、大洋洲澳大利亚和新西兰国家的公众关于对自然、技术风险感知的共同特征及其独有特点的分析,进行跨文化风险感知的量化研究(奥尔特温·雷恩、伯内德·罗尔曼,2007)。另外还有学者诸如 Beth A、Wangui 等学者从性别、年龄、种族、等级、地理因素、政治世界观、归属、感情化的情感、信任等社会变量出发,研究其与风险判断的相关性。[②]

随着对风险感知研究的深入,人们逐渐意识到单一的心理测量理论或文化理论都很难解释复杂的风险现实和风险情景,对风险感知的研究逐渐转向后现代诠释性研究,主要运用解释学和现象学的理论和方法结合之前的心理学与文化流派从日常生活或本地环境中关注"风险客体"的建构,在这种背景下,强调因地制宜来寻找风

---

① Sjöberg L. Explaining risk perception an empirical and quantitative evaluation of cultural theory. Risk Decision Policy, No. 2, 1997; Sjöberg L. World views, political attitudes and risk perception. Risk Hlth, Saf Environ, No. 9, 1998.

② Beth A, Power B. Perception, and adaptation: Exploring gender and social environmental risk perception in northern Guanajuato, Mexico Geoforum, Vol. 69, 2016; Wangui E E. Livelihood shifts and gender performances: space and the negotiation for labor among East Africa's Pastoralists. Ann. Assoc. Am. Geogr. Vol. 104, No. 5, 2014.

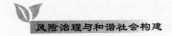

险的来源，来研究具体危险地点的公众风险感知，后现代诠释性学派的主要目标是探索直接暴露于风险（如工业环境污染、化学设施或核设施甚至垃圾设施等）中的公众在日常生活中如何谈论与理解风险，研究重点在于当地人看待风险问题的逻辑与理性。因此，现代诠释性学派中对风险意义的重要因素便是具体的情境和语境，可以说这种研究方法也赋予了风险感知研究的长远意义，使其研究更具有现实意义和实用价值，从而避免了其研究走向式微；另一种趋势便是在风险感知研究中学科交叉与融合趋势亦显得越发明显，除了与传统的心理学、社会学等学科的融合外，开始在能源科学、生命科学、物理科学、工程学领域进行渗透，近几年风险感知与公共政策分析、政治学以及循证（evidence-based）决策的制定等学科的交叉与融合趋势也越来越强，尤其涉及有争议性议题的科技决策，经常会分析公众风险感知在其中的相关性。下面探讨有关风险感知视角下科技决策研究的相关主题。

（二）风险感知与科技决策相关的研究

风险感知与科技决策相关的研究涉及的主题相对比较多，主要有以下三个方面：

一、公众风险感知与专家的差异以及其是否应该将其纳入科技决策中

由于公众与专家和管理者的风险感知之间有一个巨大的差距，这显然是科技决策中需要解决的问题，对此的研究相对较多。最早以 Slovic P、Fischhoff B 等为代表的学者，利用心理测量范式对风险开展的研究，在 20 世纪 80 年代初在风险认知和风险容忍与风险接受上取

得首次突破，他们发现在感知风险上专家和公众之间的水平存在广泛的分歧，认为专家认知的风险建立在客观统计资料和年度死亡的基础上，而公众对风险的感知上则有更多的维度，更多涉及定性的因素，如自愿性、恐怖性、毁灭性潜能、可控制性、公平性、对未来的影响以及其他诸种因素。[①] 由于视角的不同，专家与公众对风险拥有的不同定义，从而可能导致许多关于风险感知的冲突。[②]

Sjöberg L 等人对此进行了进一步的证实与分析，他们认为专家和公众之间风险感知的差异并不像一直认为的那么简单，认为专家对风险的看法实际上并没有与公众的看法不同。专家进行风险判断的因素与公众是存在类似的认知结构，但他们的感知风险水平大大低于公众。[③] 他们分别从来自核废料专家、其他领域的工程师以及公众对待核能的风险感知获取了数据并进行了分析，发现专家对核废料风险感知估计的误差要远远小于公众，他们的风险感知非常的均匀，甚至出现没有方差的风险感知，表明了专家的风险感知与心理因素以及其他变量之间是零相关。[④] Sjöberg L 还对专家与公众关于食品相关的风险感知数据进行了研究分析，[⑤] 数字同样显示，专

---

① Fischhoff B, et al. How safe is safe enough? A psychometric study of attitudes towards technological risks and benefits. Policy Science, No. 9, 1978; Slovic P, Fischhoff B. Lichtenstein S. Rating the risks. Environment. Vol. 21, No. 3, 1979.

② Slovic P. Trust, emotion, sex, politics, and science: surveying the risk assessment battlefield, *Risk Analysis*. Vol. 19, No. 4, 1999.

③ Sjöberg L. The allegedly simple structure of experts' risk perception: an urban legend in risk research. Sci Technol Human. Vol. 27, 2002.

④ Sjöberg L. Risk perception of nuclear waste experts and the public. Rhizikon. Risk Research Report 16. Stockholm School of Economics. Center for Risk Research. 1994.

⑤ Sjöberg L. Risk perceptions by politicians and the public, Rhizikon. Risk Research Reports, Stockholm School of Economics, Center for Risk Research, No. 24, 1996; Sjöberg L. Explaining risk perception an empirical and quantitative evaluation of cultural theory. Risk Decision Policy, No. 2, 1997.

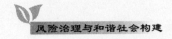

家们认为的一些风险比公众要小得多。

而紧接着围绕是否应该把与专家风险感知存在差异的公众的风险感知纳入科技决策中,杜兰特、布雷耶、韦恩等人围绕这一主题展开了一系列研究,并提出了各自不同的观点。布雷耶认为公众和专家往往会对不确定性的风险作出不同的判断,他在早期的很多风险研究或明确指出或暗示,科学和专业知识胜过公众的知识或日常生活实践中体现的知识,因而他委婉地指出公众知识总是低于系统的专家知识,不应该把公众的价值观融入决策过程中;① 而杜兰特提出的"缺失模型"则把专家的知识神圣化,认为科学知识是绝对正确与合理的知识,认为公众感知与专家产生差距的原因是外行人有限的知识对现实的误解,因此在决策中仅需要考虑科学知识就足够了。②

所以早期的研究一般都认为专家观点关注的是对可能危害的准确估计,可以用于政策发展的技术推理,而外行的观点虽然可称为一种解释,但一般认为公众感知基本都偏离了科学的正确方案,③ 因此早期公众的风险感知大都因得不到决策者的青睐而被扔在一边。这种观点在后期开始受到诸多争议,后期几十年通过对参与性研究和批判性的评价已经发现,这种简单的做法既不实用也不能正义对待公众的看法或经验,这种预设的结果对公众的风险认知及相关的态度有着非常负面的影响。

---

① Breyer S. Breaking the vicious circle: toward effective risk regulation. Cambridge: Harvard University Press. 1993.

② Wynne B. Institutional mythologies and dual societies in the management of risk. Springer Berlin Heidelberg. Global Environ. Change, No. 6, 1982.

③ Wynne B. Public understanding of science research: new horizons or hall of mirrors? Public Understanding of Science. Vol. 1, No. 1, 1992.

韦恩提出，在许多决策中，公众的"地方性"知识往往和作为系统的专家知识一样重要，也和专家的思考一样对方案是有价值的输入，而且韦恩在后期随着他对核电站发生的事故以及公众参与的实证分析，认为科学研究发现的知识也不一定完全是真实的，现实中社会的权力往往会被权威的外衣所掩盖。① 韦恩指出客观的专家知识并没有考虑知识的社会嵌入性，门外汉不一定是理性的，但是他们追求知识和经验的具体形式与专家有一定的差别，但这并不能表明他们的认知就比专家的低劣，韦恩用详细的实证研究表明，专家也是有自己的信仰，而且这种信仰与公众的知识论类似，但是专家们在构建知识时往往依据科学的规则，而不像公众的依据的是生活经验。他考察了坎布里亚牧羊人，看他们对政府的科学家关于切尔诺贝利核灾难造成的辐射以及更笼统的对于农用化学品风险的看法以及感知，坎布里亚的牧羊人认为政府的科学家也没有预测出辐射给他们带来的经济灾难，而且他们的实验和分析也犯了低级、明显的错误，因为专家不是牧民，不懂羊的行为和当地的环境状况。② 因此，不仅是公众可能表现出系统的判断偏见，专家也可能会出现这样情况，主要在于他们与政府的亲密关系，可能会出现"共谋理论"（conspiracy theory）以及专家在他们自己的判断会表现得过于自信，韦恩称其为"自大理论"（arrogant theory）。③

　　因而在后来的研究中大多数学者都开始认为应该在争议性的决

---

　　① Wynne B. Rationality and ritual：the windscale inquiry and nuclear decisions in britain. Chalfont St. Giles：British Society for the History of Science. 1982.

　　② Wynne B. Misunderstood misunderstanding：social identities and public uptake of science. Public Understand Science, No. 1, 1992；Wynne B. May the Sheep Safely Graze? A Reflexive View of the Expert-Lay Knowledge Divide. London：Sage. 2004.

　　③ Wynne B. Uncertainty and environmental learning：reconceiving science and policy in the preventive paradigm. Global Environmental Change. Vol. 2, No. 2, 1992.

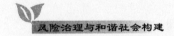

策中考虑公众的风险感知，Pidgeon N F 就认为公众风险感知的视角可以丰富专家的分析：专家们常常处于信息的特权地位，即使这样他们的价值观和做出的决策也并非最佳的；而非专家可能不具备尽可能多的相关事实信息，但他们可能会有一个视角，以增加专家对风险分析的额外的有用信息，促使决策中全面优化分析。例如，正式风险计算通常使用预期数量的死亡人数这些专家感兴趣的结果变量，而外行则可能关心其他的结果，如非致死性伤害、风险和利益分配，或更多社会因素（诸如需要更广泛的代表性的问题）等，因此，这些因素被认为应该进入到决策的考虑中去。①

二、公众对科技决策过程中公平、信任等价值因素的关注

由于在科技决策中出现的政治争议、极化的观点和公开的冲突已经成为普遍，因此风险感知的研究开始出现一个新的视角来关注这些问题——公众对决策过程中涉及的一些合法价值的关注，诸如信任、公平、公正、透明等因素，② 而其中由于（不）信任在风险分析和风险管理起着关键的作用，对信任的研究也成为其中重要的主题。

事实上，早在 20 世纪 90 年代，信任已被建议作为风险感知的一个额外的强大的决定因素，③ 可能疯牛病是一个导火索，由于其大大削弱了公众对风险管理过程的信任，因而对于决策过程中"信任"的重建成为决策的核心目标。④ 国际学术界与政策界对信任如

---

① Pidgeon N F. Risk assessment, risk values and the social science programme：Why we do need risk perception research. Reliability Engineering and System Safety, Vol. 59, 1998.

② Bohnenblust H, Slovic P. Integrating technical analysis and public values in risk-based decision making, Reliab Engng Syst Safety, Vol. 59, No. 1, 1998.

③ Slovic P, Flynn J H, Layman M. Perceived risk, trust and the politics of nuclear waste. Science. Vol. 254, 1991.

④ RAO Engineering. Nanoscienceand nanotechnologies：Opportunities and Uncertainties. Science Policy Section. The Royal Society Royal. London：RS/RAE. 2004.

何影响公众对环境及技术风险决策大感兴趣，因此，过去30年信任成为科技决策中一个重要的研究概念，卢曼和吉登斯认为由于技术和抽象系统变得越来越复杂，因而现代社会在降低风险的复杂性与不确定性中信任的作用越来越重要。正是由于公众对不确定的科技知识的了解相对较少，因而，公众对信任的关注就成为他们对科技决策接受度的一个重要因素，"人们应付缺少知识决策的方式就是依靠信任，以减少风险管理决策的复杂性"。[①]

最早对公众的信任与风险感知之间的关系展开研究的，是以Slovic P、Flynn J H 为代表的学者，他们主要通过对核废料储存选址的案例，发现在决策中信任会影响公众的风险感知，从而导致决策的困局，他们发现美国能源部试图建立一个国家级储藏站的技术在公众一致反对下停滞不前，而公众风险感知极大的原因在于对核废料处理计划的恐惧和抗议，这些视为一种"信任危机"，主要对那些管理核技术的科学的、政府的工业的管理者的信任的严重崩溃，[②] 这些研究表明信任缺失是解释风险管理中失败的一个关键因素。

Sjöberg L 在随后的研究中对斯洛维奇等学者的研究提出了批判，认为早期对信任与感知风险水平的重要性进行研究时，是基于猜测而不是经验的数据。[③] 其实这也并不完全正确，早期虽然以定性分析为主，但也存在一定的基于经验的分析，Bella D A 等学者早

①　Earle T C, Cvetkovich G T. Social trust: toward a cosmopolitan society. Westport, CT: Praeger. 1995.

②　Slovic P, Flynn J H, Layman M. Perceived risk, trust and the politics of nuclear waste. Science. Vol. 254, 1991.

③　Sjöberg L. Perceived competence and motivation in industry and government as factors in risk perception. Social Trust and the Management of Risk. London: Earthscan. 1999.

在 1988 年提出核废料储存的选址过程的失败不能被解释仅因为缺乏技术解决的问题，其中公众对权力机构的信任在选址过程中也起着重要的作用，而这篇文章就是基于与在这个过程中有关各方代表访谈的结果，虽然没有对选址过程中公众如何看待核废料风险与对机构的信任之间强大的实证关系的相关研究，但也应该被视为对信任实证研究的开始。[1]

后期对信任与接受风险之间关系的研究大都开始采用实证的方法，利用一些结构模型进行分析。其中 Flynn J H 等人在对公众反对高放射性废物处置选址的研究中，在所包含的信任和感知风险之间发现存在一个明显的（消极的）关系，可以说明信任对选址的实质性影响。[2] 此外，Biel 和 Dahlstrand 等对居住在未来可能出现核废料储存选址的 1300 个瑞典人进行的调查研究，发现居民对专家之间的信任和"风险判断"的信任之间存在一个非常强的负相关关系（相关系数：-0.63）。

随后 Sjöberg L 发表了一系列关于进一步对风险感知与信任之间关系的实证研究[3]，建立相关因果的模型，并进一步完善了传统信

① Bella D A, Mosher C D, Calvo S N. Technocracy and trust: Nuclear waste controversy. Journal of Professional Issues in Engineering, Vol. 114, 1988.

② Flynn J H, Burns W, Mertz C K, Slovic P. Trust as a determinant of opposition to a high-level radioactive waste repository: analysis of a structural model. Risk Analysis, No. 12, 1992.

③ Sjöberg L. Center for risk research: a review of work 1988 – 1991, Rhizikon: Risk Research Report No. 8, Center for Risk Research, Stockholm School of Economics. 1992. Sjöberg L. Risk perception and credibility of risk communication, Risk Research Reports. 1992. Sjöberg L. Perceived competence and motivation in industry and government as factors in risk perception. Social Trust and the Management of Risk. London: Earthscan. 1999. Sjöberg L. The psychometric paradigm revisited. Royal Statistical Society Conference, University of Warwick, No. 7, 1999. Sjöberg L. Limits of knowledge and the limited importance of trust. Risk Analysis. Vol. 21, 2001. Sjöberg L. Attitudes to technology and risk: going beyond what is immediately given. Policy Sciences. Vol. 35, 2002.

任与风险关系的评价量表，运用了利克特型评价量表，提出了信任与风险感知之间存在比较明显的关系。

虽然对信任的研究，大部分学者都比较认同其在解释人的感知风险水平与决策结果中是一个重要的变量，但具体的研究结果并不是一致的，研究也不是决定性的。Siegrist M、Cvetkovich GT 后期对 Sjöberg L 的研究结果提出了挑战，因为他们的研究结果表明信任和感知风险之间仅是一种相当弱的关系。他们认为 Sjöberg L 的结果是由于他使用信任测试的一个相当普遍的措施，而并非信任的具体领域的措施从而使关系显得更为明显。Siegrist 的数据表明，信任的有限的重要性可能是由于这样的事实，人们认为对于科学与专家所知道的自己有多少限制，即使他们可以相信他们是有能力与诚实的。此外，他们认为当使用不同的尺度时，信任和风险感知之间的关系的强度也会出现不同，认为 Sjöberg L 正是使用了利克特型这种新的评价量表而不是传统的评级表，从而在信任与风险感知之间产生更强的关系，两种量表之间的差异增加了一倍，从 15% 到 30%。他们还发现依据风险的类型不同，信任与风险感知之间有一定的强度变化，一般来说，与大多数其他风险相比，核风险感知与信任之间的关系更为强烈，并推测了这种变异的原因，一个可能的解释认为知识水平是重要的原因。[①]

由于在探讨与风险感知和公众偏好的其他驱动力相比，信任显得尤为重要，因此，最近几年，对科技决策中信任的研究并没有式

① Siegrist M, Cvetkovich GT. Perception of hazards: the role of social trust and knowledge. Risk Analysis, No. 20, 2000; Siegrist M, Connor M, Keller C. Trust, confidence, procedural fairness, outcome fairness, moral conviction, and the acceptance of gm field experiments. Risk Analysis. Vol. 32, No. 8, 2012.

微，而是随着新技术的不断发展研究也相应开展，在环境风险决策以及能源决策，诸如在研究 CCS 技术、核技术，以及基因技术等时都会研究信任因素在其中的作用，并出现大规模与跨区域的特点，Mattias J 曾基于在欧盟的开展 RISKPERCOM 项目收集的数据，对瑞士、法国、西班牙和英国四国开展跨国研究，研究公众信任在这些国家是否是风险认知的一个主要变量，测试关于信任与风险感知关系强度的变化，并尝试解释这些国家公众风险感知的差异；[①] 另外研究公众对一种技术风险感知与信任关系的样本的规模越来越大，Greenberg M 曾在 2008 年对美国居住在至少一个商业核电站 50 英里内的 2101 位受访者（这个为国家的样本数为 37%）进行了调查，看他们的不信任与担忧程度之间的相关性。[②]

除了对信任的关注外，学者对科技决策中公平因素的研究也相对较多，因为除了信任外，公平也已经被认为是决策可接受性的重要影响因素，研究显示，当公众感知一个决策是公平的时，他会信任决策者，同时在风险管理过程中他更容易接受此决策。[③]

Skitka L J 是对科技决策中公平性研究相对较多的学者，他开展了大量相关的实证研究，在对基因技术研究的过程中发现，一个公平的程序以及一个公平的结果会增加这项技术的接受性；他利用回

---

① Mattias J. Trust and risk perception in western europe: a cross-national study. Risk Analysis, Vol. 23, 2003.

② Greenberg M. How much do people who live near major nuclear facilities worry about those facilities? Analysis of national and site-specific data. Journal of Environmental Planning and Management. Vol. 52, 2009.

③ McComas K A, Besley J C, Yang Z. Risky business: Perceived behavior of local scientists and community support for their research. Risk Analysis, Vol. 28, No. 2, 2008; Nakayachi K, Cvetkovich G. Public trust in government concerning tobacco control in Japan. Risk Analysis, Vol. 30, No. 3, 2010; Tyler T R. Social justice: Outcome and procedure. International Journal of Psychology, Vol. 35, 2000.

归分析研究了两类公平（程序与结果）之间的相互关系以及对决策接受性的影响度，提出程序公平对决策结果接受性有更强烈的影响。也就是说，人们似乎容易接受决策，即使是消极的结果，只要决策程序是公平的。因而，他认为公平是独立于一个决策结果的，虽然人们可能会反对实际结果（所谓的结果或决策支持的好感度），但当决策程序或过程被视为公平，人们更容易接受决策。①

另外 Siegrist M、Besley J C 等学者在这一方面的研究也相对较多，大都通过实证研究对公平因素、公众的风险感知以及公众对决策接受度进行了研究。Siegrist M 等人在 2008 年、2013 年针对在瑞士进行的有关转基因作物的科学试验（商业种植是禁止的）中有关信任、公平等主要因素采用了主要分析法进行了分析，结果表明不但对经济健康环境价值为基础的信任，以及对科学家和对科学家的能力的信任会影响决策的可接受性，而且公平在其中也非常重要，其中包括了结果的公平和程序的公平，而程序的公平更胜一筹。②

Besley J C 等学者曾基于美国一项公共听证中关于公众关注核动力设施的接受能力调查的基础上，对决策过程中个人人际公平感对风险感知、决策的程序及结果的影响进行了定量分析，结果显示公平似乎是人们对决策好感度的主要决定因素，Besley J C 认为感知公平或正义在公众形成对重建核电站的意见时有相应的联系，尤

① Skitka L J, Do the means always justify the ends, or do the ends sometimes justify the means? A value protection model of justice reasoning. Personality and Social Psychology Bulletin, Vol. 28, 2002; Skitka L J, Mullen E, Understanding judgments of fairness in a real-world political context: a test of the value protection model of justice reasoning. Personality and Social Psychology Bulletin, Vol. 28, 2002; Skitka L J, Winquist J, Hutchinson S, Are outcome fairness and outcome favorability distinguishable psychological constructs? A meta-analytic review. Social Justice Research, Vol. 16, 2003.

② Siegrist M, Connor M, Keller C. Trust, confidence, procedural fairness, outcome fairness, moral conviction, and the acceptance of gm field experiments. Risk Analysis. Vol. 32, No. 8, 2012.

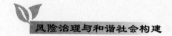

其在公众参与的情况下。以 Besley J C 为代表的学者还专门针对其他的能源决策（如建设一个风力发电场）以及新兴技术中公众的接受度与决策的程序公平和结果公平之间关系进行研究，发现分配正义不仅可以决定公众对决策的好感度，还可以预测公众对一些新兴技术（纳米技术、农业生物技术和基因治疗技术）的关注度，所有的正义维度预测了公众对相关科学研究的总体满意度。①

三、科技决策中公众的参与及风险治理的研究

在风险决策对公众参与与风险治理研究的代表人物是雷恩。由于在有争议主题的风险决策中不仅仅是对安全议题的追求，还可能涉及一些群体的政治，许多风险问题本质上是具有社会和政治的性质。一些学者在考虑风险问题和决策时建议通过直接的公众参与，通过扩展或增强现有的民主程序来解决冲突。② 因此，在科技决策中，社会科学家开始主张更广泛地参与，以达到更合理、公平和有效的社会成果。

雷恩对风险决策中公众的参与研究相对比较多，开展了对公众参与相关的理论以及案例的研究，对公众参与决策过程的规范性和实质性原因及概念进行了分析。③ 他曾区分三大类公民参与方式，第一类：真正的协商方法，允许在所有各方之间开展公平的和有能力的辩论和讨论，真正的协商的方法有共识会议、公民陪审团、计

---

① Besley J C, Public engagement and the impact of fairness perceptions on decision favorability and acceptance. Science Communication, Vol. 32, 2010; Besley J C, Does fairness matter in the context of anger about nuclear energy decision making? Risk Analysis, Vol. 32, 2012.

② Stern P C, Fineberg H V. Understanding risk: informing decisions in a democratic society, Journal of Radiological Protection. Vol. 17, No. 3, 2009.

③ Renn O, Pateman C. Participation and democratic theory. Cambridge: Cambridge University Press. 1970. Renn O. The role of risk perception for risk management. Reliab Engng Syst Saf. Vol. 59, 1998.

划单元等；第二类是传统的咨询方法，包括公共会议、调查、焦点小组、调解，这类方法少有或没有扩展的争论；最后，投票的人有民主权力，但这已经不是一般的协商性了。① 雷恩认为所有这些方法都有不同的长处和短处，从案例分析的一个总结是，对于一些复杂的或长期的问题，可以采取多种方法混合使用，从而可以在一个扩展的协商过程中满足特定的要求，弥补各种参与方法的不足，适应不同的利益相关者或不同群体的公民在特定时间的具体提议以及具体要求。②

随着理论与实践研究的不断深入，基于对话的涉及不同群体的公民和利益相关者的解决冲突的方法在欧洲以及美洲得到普及。1996 年美国国家研究委员会在有关了解风险的报告中提出了一套详细的建议，他们对长期的协商过程进行解析，结合科学和系统的不确定性对参与审议的受影响各方进行了分析，提出对话，参与和审议应发生在风险决策的整个过程中，从问题的框架到详细的风险评估，然后到对风险的管理和决策实施；欧盟也在 2001 年，为了降低在科技和食品决策中的风险，提出了四项原则，其中包括多元利益相关者的介入渠道、广泛的公众讨论参与、政府和科学家的责任、决策的透明度。

在对风险决策中公众参与研究的基础上，一些学者开始对风险治理展开研究，雷恩是其中的代表，治理的概念出现得相对比较早，在 20 世纪 80 年代便成为研究的热点，但风险治理的概念却出

① Renn O，Webler T，Wiedermann P. Fairness and competence in citizen participation：evaluating models for environmental discourse. Dordrecht：Kluwer. 1995.

② Renn O. A model for an analytic deliberative process in risk management. Environmental Science and Technology，Vol. 33，1999.

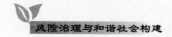

现得比较晚，最早出现在 2001 年。① 风险治理提出后，在早期大多时候是以一个相对松散的方式存在，大多时候被用于一个没有明确内容的标签，风险治理更多的是一个设想，而不是一个概念。它被带到一个新的高度是在 2003 年国际风险管理理事会（IRGC）的建立（总部设在瑞士）。在奥尔特温·雷恩的主持下，IRGC 对风险社会学、心理学、科学和技术研究（STS）以及政策学和法律学多种学科 40 年的研究成果进行研究总结，撰写了一部关于风险治理的白皮书，构建了风险治理系统的概念；② 并在后期的研究中不断对其进行补充与完善，雷恩认为风险治理不仅包括了风险管理与分析，也要考虑多元主体在风险决策中的参与性，需要在参与者、观点、目标和行为之间进行协调，认为风险治理不仅是信息收集、分析和沟通的过程，更多的是管理决策过程相关的所有参与者、规则、过程和机制的总和；在决策中强调考虑社会背景因素，比如体制安排、政治文化以及公众不同的风险感知。③ 雷恩对风险治理框架的细化使风险决策者在现实中面对风险管理时具有了很强的可操作性，一些国家政府机构和监管机构开始采用风险治理体系设计的框架和手册（2009 年欧洲食品安全局与荷兰食品和消费品安全管理局的政策建议中采纳了其风险评估手册）。

后期不断有学者对该框架涉及的概念进行相关的评论以及开展

① Heriard D G, Schneider T. Rehabilitation of the living conditions in the contaminated territories after chernobyl：the ETHOS project. The 2nd VALDOR Symposium Adressing Transparency in Risk Assessment and Decision Making, Stockholm, Sweden, No. 6, 2001.

② Renn O, Grahamp P. Risk governance towards an integrative approach. Report：International Risk Governance Council. 2005.

③ Renn O. From risk analysis to risk governance：new challenges for the risk professionals in the era of post-modern confusion. Davos, Switzerland：3 Extended Abstracts of International Disaster Reduction Conference. 2006.

了一系列相关的实践研究。目前，随着在科技决策中风险治理研究的不断深入，民主、战略、共识、系统、适应性、治理网络、合作型治理、协商等相关关键词出现频次不断增多，成为公众风险感知与科技决策研究的一个重要的主题。

目前，对风险感知下科技决策未来的研究主题越来越走向对各国现实中公众关注的实际问题的实证研究，每个国家由于公众对现实中新兴技术风险的关注点不同，每个国家研究的决策领域的侧重点也有所差别。整体看来，目前中国与其他国家在核能与转基因技术上的关注一直在继续，在这些方面开展的研究也一直在持续，而在其他方面则各有侧重。在中国，侧重于在食品安全领域、环境争端、有害邻避设施（垃圾焚烧、PX 化工厂等）① 与整体社会稳定角度（维稳性的风险评估等）；② 而在国际上在全球气候变化与能源转型的背景下，开始对一些可再生能源的新兴技术的风险比较关注，对一些被认为在减少碳排放和减轻人为气候变化中具有的潜力的技术风险比较关注，诸如对发展 CCS（碳捕获和储存）技术，页岩气技术中公众风险感知及对决策的挑战有一定的关注。

---

① 范春梅、贾建民、李华强：《食品安全事件中的公众风险感知及应对行为研究——以问题奶粉事件为例》，《管理评论》2012 年第 1 期；徐浩、王伟：《环境冲突风险治理中的风险沟通：影响因素与关键命题》，《云南行政学院学报》2015 年第 4 期；薛可、王丽丽、余明阳：《受众对 PX 项目的风险感知模型建构研究——基于社交媒体使用的视角》，《西南民族大学学报（人文社科版）》2016 年第 3 期。

② 胡象明、王锋：《一个新的社会稳定风险评估分析框架：风险感知的视角》，《中国行政管理》2014 年第 4 期；黄杰、朱正威、王琼：《风险感知与我国社会稳定风险评估机制的健全》，《西安交通大学学报（社会科学版）》2015 年第 2 期；蒋俊杰：《我国重大事项社会稳定风险评估机制：现状、难点与对策》，《上海行政学院学报》2014 年第 2 期。

第三章 风险感知视角下科技决策
面临挑战的时代背景

在讨论公众风险感知对科技决策带来的挑战,就不得不研究它们所处的大的时代背景:本质层面后常规科学语境下科学的不确定性与价值的非中立性;心理层面上风险社会中公众对技术风险的焦虑情绪及信任危机的出现;风险沟通上面临着社会化媒体赋权带来的科技风险的社会放大;利益的博弈过程中面临着知识社会背景下知识生产方式的转变。正是这样的时代背景,使研究公众风险感知对科技决策带来的挑战有一个整体的脉络与时代特性的呈现。

一 本质层面:后常规科学语境下科学的
不确定性与价值的非中立性

后常规科学(PNS)这个概念是由英国科学与社会联合会主席拉维茨博士与他的合作者福特沃兹在 20 世纪末提出的,主要用于区别库恩提出的在"范式"框架下解决问题的传统常规科学,同时又与后现代主义存在一定的联系。"后常规科学"这个概念在提出后经历了 10 年的快速发展时期，自 20 世纪 90 年代以来到 21 世纪初，PNS 的概念开始在自然和社会科学界得到普遍的使用，10 年间研究的主要战场涉及对转基因生物、疯牛病（BSE）、千年虫（the Millennium bug）、布伦特晶石（Brent Spar）及环境风险等，后期对后常规科学的研究更为宽泛，开始转移到社会和政治风险管理研究方面。

后常规科学的提出使科学技术开始出现不同于以往的特征，而这些本质上发生的转变给公众的科技风险感知与科技决策带来了极大的挑战。

（一）后常规科学语境下科学本身的不确定性

正是由于后常规科学对科学不确定性的强调使得"因成功而陶醉、从而排除不确定性术语的科学观念"[①] 统治了近三个世纪后走向了结束。在以往常规科学语境中科学往往被认为是在一个无争议的科学框架内处理科技问题，是一种单纯的科学运用，谓之"解谜"，20 世纪中叶以来，科学技术迅猛发展，科学活动开始呈现出诸多新形式，科学开始受到众多复杂因素的影响，诸如要面对不确定的事实、要处理高风险的现实、要考虑社会的复杂性、要权衡价值观的争议性等，使得确定的王国、安全又简单的常规科学世界一去而不复返，"不确定性（uncertity）观念成为科学新观念中的核心"，"科学的进程不再基于事实预言而只能基于政策预测"[②]。尤

---

① ［意］S. O. 福特沃兹、［英］J. R. 拉维茨：《后常规科学的兴起（上）》，吴永忠译，《国外社会科学》1995 年第 10 期。

② 同上。

其对于基因工程、环境工程、核能源等这些区别与于传统科学的现代科技的运用，其所带来的不确定性后果，迄今为止，不论对外行或科学家来说，都处于理解的盲区，在不确定性输入的基础上，使以往仅从科学家单一的专业视野对技术风险进行评估的做法遭遇质疑，科技决策的做出不可能再简单地依赖以往常规科学中"科学真理"的支撑，它们将在不确定性背景中做出，所"依赖的仅是可变的甚至未知量的输入"，① 而"关于它们的效应的数据，即使对于'没有受到干扰'的系统的基本数据，都是根本不完全的，其现象新颖、复杂、变化无常，从而难以很好地理解。科学并不总能为理解和预测提供基于实验的扎实可靠的理论，充其量能达到本质上无法证实的数学模型和计算机模拟"②。这些不确定性因素的范围与内涵使政府对科技风险的管制与公共决策都陷入到高度的复杂性之中。

（二）后常规科学强调现代科技价值的高度争议性

在常规科学中假定了科学的政策背景和过程是"常规的"，假定了专家的知识和判断是可以为科技风险决策提供充分的依据，假定了传统的科学是可以成功解决韦弗（Weaver）所称的"简单问题"和"非系统的复杂问题"的，因此在常规科学中"有效的科学实践规范是一个无视由科学活动及后果带来的广泛的方法论的社

---

① 薛桂波：《从"后常规科学"看环境风险治理的技治主义误区》，《吉首大学学报（社会科学版）》2014年第1期。

② ［意］S. O. 福特沃兹、［英］J. R. 拉维茨：《后常规科学的兴起（上）》，吴永忠译，《国外社会科学》1995年第10期。

会和道德争端的解题过程"①。对其涉及的价值观和社会相关性 （societal relevance）也不会进行考虑。而随着科学形式的不断发展，科学与社会、政治以及经济产业之间的互动日益增强，科学不再仅仅局限于科学领域，科学知识的研发与应用，已经开始延伸到科学之外的领域，涉及社会、政治、经济和生活的各个方面，关系到社会中的众多机构与组织，关联到科学以外的多种不同价值选择与判断，诸如健康、生态环境、社会伦理标准等多种价值因素，自然科学不得不更加关注现代技术发展所面临的各种问题和风险，因此"科学与价值无关和道德中立的观念、科学家无偏见的神话以及科学作为善（good）和真（true）的担保人的旧观念便成为历史"，② 科学上的问题开始涉及多元价值上的判断，即科技发展应该承担多大范围、多高程度的风险，不再单纯依据科技判断与科技标准而决定，而是应该把不同相关主体对科技风险的接受程度考虑进去，进行综合的博弈、协调、考虑后才能有最终的定论。因此在后常规科学背景下是在一种"并不妄求价值无关和道德中立"的情境下理解科学，是在多种价值观的驱动下进行决策选择，必然面临着如何抉择与取舍的难题。

（三）后常规科学背景下科技决策面临的时间上的紧迫性与现实中的必行性

由于现代责任政治的要求，行政机关即使在面临科技风险的不

---

① ［意］S. O. 福特沃兹、［英］J. R. 拉维茨：《后常规科学的兴起（上）》，吴永忠译，《国外社会科学》1995 年第 10 期。

② 同上。

确定性与价值难以判断的前提下，也必须做出决策，而不能像"鸵鸟"一样选择回避，因此决定了现代科技风险决策必须在全球规模的背景下处理众多的不确定性，由于全球科技竞争的日益激烈，科技决策中必然面临着时间紧迫性的约束条件，使其不能坐等科技风险的不确定性消除后再行决策，不能在公众价值判断一致化后再行决策，于是不可避免地出现了"决策于未来""决策于未知"的局面，而一旦"未来未知的决策"出现偏差便又可能导致严重的不可逆转的后果，使社会面临更大的成本与代价，因此这种紧迫性、必行性与未知性及难以判断性同时并存的两难境地必然使科技风险规制的决策者处于非常尴尬的境地。

总之，在后常规科学的背景下，科技决策的相关议题往往与高度不确定性、低价值共识性和时间的紧迫性相关联，决策的制定者需要把相关议题的事实情况和价值层面，甚至两者间的复杂性都纳入考虑的范围，要在无法预言、不完全控制、时间紧迫与多元价值冲突的前提下去对不确定性进行适当的决策管理，必然面临着艰难的政治压力及巨大的决策风险。

二 心理层面：风险社会产生的焦虑情绪与信任危机

1992 年，贝克提出了"风险社会"的概念，他认为："风险的概念直接与反思性现代化的概念相关。风险可以被界定为系统地处理现代化自身导致的危险和不安全感的方式。"[1] 提出科技发展在给

---

① ［德］乌尔里希·贝克：《风险社会》，何博闻译，译林出版社 2004 年版，第 1 页。

社会带来进步的同时，也对生态、环境甚至人类自身造成了威胁，从而使"不安全的"的社会价值体系开始取代工业社会中"不平等的"价值体系，社会的驱动力由阶级社会的"我饿"逐渐转变为"我怕"，公众对"如何预防更坏的东西"的关注程度开始超过获取"好的"东西的关心程度。[①] 风险成为了社会和政治议题关注的中心。

与早期传统或自然的外部风险不同，科技风险正如吉登斯认为的是"由知识的不确定性以及相关的不可预测性所带来的风险，是一种人造风险，并且是一种"高后果的风险"，这样的特征成为现代社会风险的独特属性，"它们所包含的灾难危险越多，我们对于所冒风险的任何真实经验就越少。如果事情'出错'的话，那就已经太晚了"。[②] 一些技术风险甚至可能会给受影响的人们带来毁灭性的后果。在这样的"风险景象"下，以往那些"曾经被高度赞扬的财富源泉（原子能、化学、基因技术等等）都转变为不可预测的危险源泉"[③]。"风险氛围"的转变导致公众对这些危险源泉产生了畏惧，这种畏惧体现在个人层面是公众"存在性焦虑"的产生，而呈现在社会层面上则是"信任危机"的出现。

（一）公众"存在性焦虑"的产生

确定性、可控性和安全感、信任感是一切良好预期及稳定行为的心理基础，一旦丧失了这种基础，个体就会陷入吉登斯说的"存

---

① ［德］乌尔里希·贝克：《风险社会》，何博闻译，译林出版社2004年版，第15—19页。
② ［英］安东尼·吉登斯：《现代性与自我认同》，赵旭东、方文、王铭铭译，生活·读书·新知三联书店1998年版，第140页。
③ ［德］乌尔里希·贝克：《风险社会》，何博闻译，译林出版社2004年版，第1页。

在性焦虑"。焦虑与恐惧不同，恐惧有确定的对象，是对特定威胁的反应，而焦虑不同，它是个体情绪的一般化状态，是"忽视对象的存在"的，弗洛伊德曾指出，"任何给定情景中所感受的焦虑的程度，很大程度上依赖于个人关于'外在世界的知识和权力感'"①。现代社会中科技运用与发展的不确定性，使公众感到自己的"本体性安全"受到威胁，科技的发展在使世界可预测性增强的同时又产生了新的不确定性，面对这些难以捉摸的因素，公众无法再利用以往的经验来应对，在这种风险状况下，可以说日常生活中的事物可能在一夜之间就变成带来危险的"特洛伊木马"，② 切尔诺贝利核泄漏、美国三里岛核事故、日本的核泄漏、英国的疯牛病、中国的癌症村等等，这些在全球范围出现的技术风险给公众精神上、心理上造成了难以估计的不安和恐惧。因为公众对这种低概率、后果严重的技术风险表现出其独特的偏好，正如布雷耶指出，"公众对特定风险的恐惧，要甚于对其他具有同等概率伤害的恐惧。面对两个同等的风险，公众可能会理性地更为惧怕或厌恶那些非自愿遭受的、新的、难以察觉的、不可控制的、灾难性的、延迟的、会危及未来的或可能伴有痛苦或恐怖的风险"③。

（二）社会"信任危机"的出现

公众"存在性焦虑"的持续存在最终可能导致社会层面信任

---

① ［奥］西格蒙德·弗洛伊德：《癔症研究》，九州出版社 2014 年版，第 132 页。

② ［英］乌尔里希·贝克：《风险社会》，何博闻译，译林出版社 2004 年版，第 62 页。

③ ［美］史蒂芬·布雷耶：《打破恶性循环：政府如何有效规制风险》，法律出版社 2009 年版，第 43 页。

危机的出现。信任一般在突发的情景中显现得更为重要，如果环境变化的不确定性越强，风险的不可控感越强，公众对信任的需求就会越高。在现代性风险氛围下，公众对"科学作为社会进步的接生婆的信任正在被核时代的来临以及生物技术的进步所制造的不安全感放逐"①。一般意义上的个人已经消失并被埋葬在疏离感、无能感，以及对政治经济、技术和未来形态的难以控制之中，公众只能寄希望于公共治理体系（包括国家、公民社会和企业），而不是以家庭、个人力量去应对区别于传统的技术风险。但同时公众对抽象体系所体现的专业知识开始持怀疑或明显的否定态度，公众不仅对公共机构的信任丧失，并且认为各种专家系统对技术风险的界定也不可信，认为公共治理机构及专家提出的有关技术风险的"可接受水平""平均水平"其实已经变成了一种"有组织的不负责任"。

　　风险社会中公众个体层面的"存在性焦虑"与社会层面的"信任危机"成为了科技风险决策中公众风险感知的最重要的内在心理动因，使科技风险决策的制定面临着公众从内心的抵触与怀疑，决策变得很艰难。一方面，风险社会中对技术风险的如何管理成为社会的日常议题，因为公众内在的"本体性安全"的要求使他们对风险的忍受度逐渐降低，希望政府积极介入，能很好地控制这些技术风险；另一方面，公众对工业社会中备受推崇的工具理性与精英主导的科学产生了质疑，科学和理性成为碎片，知识和权威遭遇挑战，公众对政府能否有效管制这些技术风险存有疑虑，一些不确定性的技术风险的决策经常会遭遇公众的强烈抵制，出现高度情绪化

---

①　Beck U, The Risk Society. Towards a New Modernity, London: Sage. 1992, p. 20.

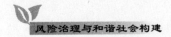

的集体反对甚至抗争行为，正如安东尼·吉登斯指出的"在风险社会中，新的高速公路、垃圾焚烧厂、化工厂、原子能电站、生物技术工厂和研究所等遭遇到了直接受到影响的团体的抵抗。各个层次的行政机关都发现自己面对着这样的事实：即它们为所有人谋福利的计划却被某些人当作是诅咒而加以反对，因此它们以及工厂和研究机构的专家们失去了方向，它们坚信，自己据其知识尽最大努力制定这些计划是'有理性的'，是为了'公众的利益'"①。但公众却不这么认为。政府未觉察到矛盾情感在风险社会中已经显露无遗。这些挑战无疑都考量着政府对科技风险的处置能力与决策水平，使其在做出科技风险决策过程中更加谨慎。

三 风险沟通：社会化媒体赋权带来的科技风险的社会放大

（一）社会化媒体的出现

随着现代社会网络技术、数字技术及现代通信技术等传播新技术的广泛运用，社会化媒体成为一种新型的在线媒体，其使用成本低、限制少，正朝着微型化、个人化与移动化的方向发展，赋予了公众极大的表达权利与参与空间。根据中国科协第九次中国公民科学素养调查发现"互联网已成为公众获取科技信息的主要渠道，调查显示，超过半数（比例高达 53.4%）的公民利用互联网及移动互联网获取科技信息，比 2010 年的 26.6% 提高了一倍多，已经超

---

① ［英］安东尼·吉登斯：《现代性的后果》，田禾译，译林出版社 2001 年版，第 18—22 页。

过报纸（38.5%），仅次于电视（93.4%），位居第二。而在具备科学素养的公民中，高达91.2%的公民通过互联网及移动互联网获取科技信息，互联网成为具备科学素养公民获取科技信息的第一渠道"。① 因此"拥有强大的现代传播技术的传媒，既可以促进受众的风险认知与社会的风险沟通，同时也可能成为已有风险的动力和新风险的源头。"②

（二） 社会化媒体给科技沟通方式带来了挑战

按照卡普兰和黑雷等人的定义，社会化媒体是"一组建立在Web 2.0 的技术和意识形态基础之上的基于互联网的应用，允许UGC（用户制造内容）的创造和交换。"③ 它与传统媒体相比出现了许多新的特征，打破了传统媒体的技术壁垒与专业壁垒，让公众可以"去中介化"地随时随地随性地地发布信息；模糊了媒体和受众之间的界限，使信息的传播由以往单项流动转变为多方互动交流的过程；对内容严格把关的可行性与可控性减弱，每个人只要愿意，都可以成为一个未经登记的"自由媒体"，可以不必经过政府机关的审查发布信息，UGC 成为信息传播的趋势。

这些新的特征使得社会化媒体传播、建构科技风险议题的能力有了前所未有的提升，给科技风险的沟通带来了极大的挑战，它打破了以往政府部门、相关专家与传统媒体对风险信息的控制和意见

---

① 中国科协发布第九次中国公民科学素养调查结果，新华网，http：//education.news.cn/2015 - 09/19/c_ 128247007. htm，2015 年9 月19 日。

② 黄和节：《警惕传媒沦为风险制造者》，《新闻实践》2007 年第1 期。

③ Kaplan A M，Haenlein M，Users of the world，Unite！The challenges and opportunities of social media，Business Horizons，Vol. 53，No. 1，2010，pp. 59 - 68.

垄断，使得每个人无须中介都可以随时随地地发布自己的观点，每个公众都可以成为风险沟通的主体，他们有可能在政府部门及传统大众媒体之前抢先一步发布风险信息，并通过社会化媒体得到大批量的复制与转发，使他们的观点可以经舆论场的聚合发酵，形成一定的影响力，甚至可以对一些专家的观点提出质疑，使早期单项的专家决定模型的科技风险沟通方式在现代社会受到了挑战而不再适用。

（三）社会化媒体在很大程度上建构了公众对风险的感知

风险社会学家卡斯帕森认为风险是客观性和主观建构性的统一，"风险部分是因为人们客观的威胁，部分是文化和社会经验的结果"，[1] 高度现代性的"风险的能见度"不同于以前的经验，公众无法对其进行感同身受的直接体验，因此对科技风险议题的了解往往会依赖于媒体的呈现，对其的理解会依赖于媒体信息流的解释，"现实越来越成为一种理论上诠释"，[2] 而社会化媒体传播内容的多元化、传播方式的便捷化与传播途径的无序性以及追求噱头、希望博人眼球的传播理念往往容易使公众产生偏离实际的风险感知，使"信念的真实"超越了事实的真实，有可能使虚拟变为"现实"，近年来由于一些网络上的有关技术风险谣言的出现导致了严重的社会恐慌，如日本核泄漏引发中国多地的抢盐风波；河南杞县"核泄漏"谣言引发全城大逃亡，上演了现代版的"杞人忧

---

① Kasperson R E · The social amplification of risk, progress in developing and integrative framework of risk. Journal of Social Philosophy：Vol. 53，No. 3，1992，pp. 53 – 178.

② ［德］乌尔里希·贝克：《风险社会》，何博闻译，译林出版社 2004 年版，第 88 页。

天"；江苏响水化工厂爆炸谣言引发万人逃命等，在一定程度上就是社会化媒体对科技风险主观建构的结果。

（四）社会化媒体可能会引发风险的社会放大

由于社会化媒体带来的信息与传播技术的发达，使科技风险的信息会借助于其进行快速、大范围的传导与扩散，大面积地到达受众并经过反复的反馈、呼应与影响，最终可能引发"风险的社会强化"并可能引起了风险的社会放大。风险的社会放大主要指"相对小的风险由于信息流的诠释及公众的风险认知的因素有时却引发大规模的公众关注和重大社会影响，甚至经由'涟漪效应'的作用，波及不同的时间、空间和社会制度。"[1] 引发某些技术甚至社会制度的"污名化"。卡斯帕森提出风险的社会放大站包括了意见领袖、文化和社会团体、政府机构、志愿组织及新闻媒体，而在现代社会社会化媒体已成为了科技风险信息放大站中最重要的主体之一，主要由于公众对社会化媒体的依赖性与信息来源的单一性，现代社会中使用社会化媒体的用户数量剧增，大多数公众获取信息的途径主要来源于网络等社会化媒体，因此社会化媒体上对有争议性的科技风险的报道即使是中立客观的，也可能会引发公众的热议。梅热在研究大众传媒对核电与化学危害的报道中了就发现"对一项有争议的技术或环境项目的广泛报道不仅唤起公众关注，而且将其推向对立"的证据[2]。诸如目前在中国，化学界公认的低毒物质 PX 已经

---

① Kasperson R E, Renn O, Slovic P, et al: The social amplification of risk: a conceptual framework. Risk Analysis, Vol. 8, No. 2, 1988, pp. 177 – 187.

② Marzur A. Nuclear power, chemical hazards, and the quantity of reporting. Minerva. Vol. 28, No. 2, 1990, pp. 294 – 323.

成为了剧毒、致癌的代名词，成为了风险的社会放大效应中技术"污名化"的典型。

因此，由于社会化媒体的赋权使早期单项的专家决定模型受到挑战而不再适用，并在很大程度上建构着公众对技术风险的感知，"公众对威胁的讨论与说明一定程度上依赖媒体，它可以被操纵，有时表现出歇斯底里"[1]，可能导致公众将风险的经验作为真实的结果，带来了风险的社会放大，造成一些技术风险的"污名化"，这些风险沟通上的异化都可能给决策者"带来意料之外的惊恐或者一些所谓的社会震惊"，从而使科技风险的决策者感到措手不及，疲于应对。

四 利益层面：知识社会中知识生产方式的转变带来多方利益的敏感性

随着现代社会的主要机制或特性日益受到"知识"的驱动，标志着人类社会开始逐步进入知识社会，彼得·德鲁克认为，在知识社会中，知识将成为主要的资源，生产资料也会转变为知识，随之而来的主要的社会团体将是"知识工作者"。知识将成为现代经济增长的主要源泉。随着知识社会的到来，知识的生产模式开始发生转变，知识的应用性增强，与现实的关系更为贴近，"传统的知识生产主要涉及那些缺少实用目的的知识生产，而新的模式下的知识

---

① ［英］安东尼·吉登斯：《现代性的后果》，田禾译，译林出版社2001年版，第39页。

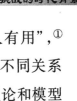

生产则希望对工业、政府或更广泛地对社会中的某些人有用"，[1]"知识生产开始在更多类型的社会机构中进行，开始涉及不同关系的更多的个人和组织"，[2] 开始在整个社会扩散，不仅在理论和模型上，在方法和技术上都从学术界向其他机构扩散，科学逐渐通过外溢或者衍生为其他部门谋利，知识生产正日趋成为一种社会弥散式的过程。

（一）知识生产方式的转变可能导致学术公正的"缺场"

知识社会下知识生产应用性与弥散性的增强，使科学、技术与产业开始形成一个紧密的链条，使各个主体都开始对其中涉及的自我利益变得异常敏感。不仅企业追求实现自我利益的最大化，最为重要的是在科技风险决策过程中本应该提供客观中立建议的"纯粹的科学家"开始"异化"，在知识与权力、资本结合的过程中，开始出现了"经济人"的属性，成为了"利益的攸关者"，由于知识社会中知识与经济一体化的程度加深，科学不再是"出世的"仅为了满足好奇而进行的工作，而成了工具性的职业工作。科学知识日益被利益化、政治化，由于科学对大量资源的需求以及激烈的竞争压力，知识团体在寻求研究经费时开始变得机会主义，往往可能为了获取来自资助主体、商业利益的支持，被政治权威的意志所左右，或者为不合理的企业利益诉求"代言"。因此，在知识社会中由于政治、经济等复杂利益关系的博弈，一些科学家所谓的中立的

---

[1]　［英］迈克尔·吉本斯等：《知识生产的新模式：当代社会科学与研究的动力学》，陈洪捷、沈文钦等译，北京大学出版社2011年版，第5页。

[2]　同上书，第15页。

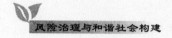
科学的建议有可能带有一定主观偏向性，或是为了迎合某种政治意图，或是某些雇主的"预定"建议，或是着眼于自身所属团队的利益，可能出现科学家通过科学知识把自己的个人利益或某些集团的利益映射到决策过程，从而导致在科技风险决策过程中学术公正的"缺场"。

（二）知识生产方式的转变促使公众自我利益审视的增强

知识生产方式的转变促使公众在一些争议性科技风险决策中对自我利益的审视开始变得敏感。首先，随着知识社会中知识生产的应用性与弥散性的增强使得公众对科技风险决策的聚焦度与关注度大为提升。因为"科学技术实验不再可能仅仅在实验室中进行，社会本身已经成为一个很大实验室"，[①] 而实验室是一个高度人工化的场景，在其中进行的实验往往是对研究对象进行了隔离，是一个人工化、简单化的"微观世界"，因此，在实验中的科技成果往往更容易把握、更容易控制，因而在实验室安全可靠的科技在社会进行推广后未必安全。但由于知识社会下知识应用性与弥散性的要求，科技的成果不会只局限在实验室之中，它们必然会扩展到实验室之外的现实社会，实现对现实世界的操纵和改造，而现实世界呈现的则是一个纷繁复杂的情景，知识一旦应用、弥散到现实社会中，便可能会出现一些不可控的因素，有的造成的损害甚至无法逆转，因此公众必然会对扩展到实验室之外的具有不确定性的技术风险领域十分的敏感。另外，公众科学素养不断提高，在一定程度上具备了

---

① ［英］迈克尔·吉本斯等：《知识生产的新模式：当代社会科学与研究的动力学》，陈洪捷、沈文钦等译，北京大学出版社 2011 年版，第 31 页。

对自我利益审视的能力与意识。知识社会的到来使公众受教育程度越来越高，公众在知识和能力上都有所提高，科学素养不断提升，中国在 1992 年、1994 年、1996 年对公民的科学素养调查显示我国公民具备科学素养的比例仅为 0.3%，即 1000 人中仅有 3 人具备基本的科学素养，但到 2015 年中国科协发布的第九次中国公民科学素养调查结果显示，我国公民具备科学素养的比例有了大幅度的提高，达到了 6.2%，这些知识公众会选择利用他们所掌握的知识对专家知识进行质疑，"感兴趣和受影响的相关方虽然可能缺乏专业知识，但可能拥有关键的信息，并经常持有强烈的观点，这些观点在民主社会中无法被忽视"。① 在专家与决策者僵硬而武断地在为利用科学是"对每个人都最有利的"决定辩护时，具备一定科学素养的公众可能反而会拒绝科学，公众的角色不再像以前一样是一种被动接受，而是希望参与到决策的过程中去，影响那些关乎他们生活质量的科技决策的制定与执行。

（三）知识生产方式的转变导致各方利益博弈增强

在社会公共活动中，"最根本的问题不在于政府本身，而在于一定社会经济条件下的各种利益集团的利益冲突以及它们之间力量平衡的状态；而政策不过是这种利益平衡的一个产物"。② "由于不断意识到科技发展可能会对公共利益造成的各种影响，越来越多的团体希望能够影响研究进程的结果……不断增多的利益集团要求在

---

① 江晓原、刘兵：《科学的异域》，华东师范大学出版社 2008 年版，第 92 页。
② 樊纲：《渐进改革的政治经济学分析》，上海远东出版社 1996 年版，第 3 页。

政策议程设置中以及随后的决策程序中有他们的代表。"① 使得在科技风险决策中的利益关系更为复杂,利益博弈更为凸显,决策者需要对涉及的各种利益进行权衡、取舍,需要不断进行谈判、协商,需要对不同知识背景、不同领域、不同服务对象的专家做出的分歧性的科学建议进行审视,需要面对知识公众的质疑与不信任,需要在公众、专家和官员的知识之间,在普遍性知识和地方性知识之间,专业性知识和个体性知识之间建立一种平衡,这些必然导致了科技风险决策的滞缓与抉择权衡的困难。

---

① 〔英〕迈克尔·吉本斯等:《知识生产的新模式:当代社会科学与研究的动力学》,陈洪捷、沈文钦等译,北京大学出版社 2011 年版,第 7 页。

第四章　风险感知视角下科技决策面临挑战的个体行为特征

　　通过了解公众在科技风险感知中的行为反应与行为特征有助于分析与反思其对科技决策带来的现实挑战的个体内在原因。由于公众对科技风险感知的行为特征具有很强的主观性，因而以当代大学生为对象，开展了一定的问卷调查，虽然样本较小，但有助于借此窥探当代中国公众科技风险感知中表现出的个体行为特征。选取大学生的原因，首先因为数据的易得性；另外因为大学生正处于"学徒公民"时期，而一代"学徒公民"的科学素养、科技风险的感知以及对科技风险的表达态度，将影响到未来几十年中国对于科技决策的态度；最后就是这个群体数量的逐渐庞大，据2013年中国统计年鉴统计结果显示，截至2012年普通本专科在校与毕业人数达到3000多万，已占到我国总人数的8%，占到其同龄人口的20%以上，而且这个群体还会不断地壮大，这些大学生毕业后都会成为或已成为我国社会各界的中坚力量。因此研究这个群体科技风险感知中个体行为特征还是比较具有典型性与代表性的。

一　数据收集与样本情况

本次问卷设计主要对当代大学生科技风险感知中的行为反应及行为特征进行了考察。本研究采用问卷调查法收集数据，设计制定了一份调查问卷，内容包括"个人基本情况"以及围绕"大学生所关注与担心的科技风险、大学生科技风险感知与科技风险的客观特征的关系、大学生科技风险感知的获取渠道、大学生科技风险防范意识与规避能力以及在面对科技风险时的行为反应"五个方面的38个问题展开调查。笔者从西南科技大学所有学院随机抽取了7个学院，其次又从这7个学院所有系中随机抽取了5个系，最后从这5个系中等比例各抽取了70名学生，一共350名学生构成本研究的调查样本，问卷一共发放350份，回收322份，剔除无效问卷后，有效问卷为296份。

通过样本描述统计，我们可以看出样本的基本情况（见表4.1）：被访者男性153人，占51.7%，女性143人，占48.3%；农村户口为185人，城市户口111人，所占比例分别为62.5%和47.5%；在专业上，文科学生为96人，占32.4%，理科117人，占39.5%，工科83人，占28.1%；性格特征上，自评为外向型的有65人，占22%，自评为偏外向的有132人，占44.6%，自评为内向型的有38人，占12.8%，自评为偏内向的有61人，占20.6%。

表4.1　　　　　　　　基本变量的描述性统计表

变 量		人数（百分比）	变 量	人数（百分比）
性别	男性	153（51.7%）	户口类型	农村户口	185（62.5%）
	女性	143（48.3%）		城市户口	111（47.5%）
	N	296		N	296
专业	文科	96（32.4%）	性格特征	外向型	65（22%）
	理科	117（39.5%）		偏外向	132（44.6%）
	工科	83（28.1%）		内向型	38（12.8%）
	N	296		偏内向	61（20.6%）
				N	296

二　公众行为特征的实证分析

在对数据进行统计分析后，发现了当代大学生对科技风险感知的行为反应中存在着诸多矛盾性的方面。

（一）关注宏观的科技风险而低估忽视身边的科技风险

在调查中，发现当代大学生由于一些宏观科技风险本身所具有的"后果难以控制、后果难以预料、后果可能很严重"等客观特征，另外受大量媒体报道或一些电影的影响，对一些宏观的科技风险感知很强，而对身边存在的科技风险有一定的低估与忽视。保罗·斯洛维奇就认为人们的风险感知通常并不准确，在对风险的判断上会受过去事件的可回忆性与未来事件可想象性的影响。① 他认为使灾难变得非常可怕或可想象的任何一种因素——比如一桩新近

① Slovic P. Informing and educating the public about risk, Risk Analysis, Vol. 6, No. 4, 1986, pp. 403－415.

发生的灾难事件、大量的媒体报道或者一部生动的电影——都会严重误导对风险的感知。在调查中涉及"您最担心您身边发生哪种科技风险?"选核风险与环境灾难风险的分别有87人,排在前面,其次担心化学毒物风险有60人,基因工程风险45人,而选担心电脑黑客与网络陷阱的仅有16人,如图4.1。

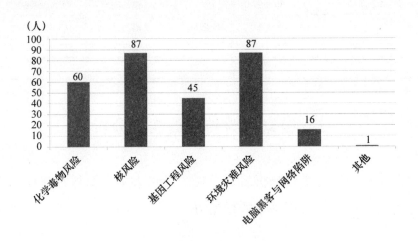

图4.1 最担心身边哪种风险发生

但是在296位受访者中有200位(将近70%)大学生拥有自己的电脑,而且平均每天使用电脑或手机上网的时间在2小时以上,分别占到了总访问者的55.7%与81.8%,这其中经常网上购物与偶尔网上购物的分别占到了35.5%与57.8%。如表4.2。

据中国网购钓鱼地图显示,仅2014年"双十一"当天360安全卫士、360手机卫士和360安全浏览器等安全产品共为全国用户拦截钓鱼网站攻击1.97亿次,相当于平时日均拦截量的2.05倍。[①]

----

① "双十一"全国拦截钓鱼攻击量1.97亿次,系平时2倍多,中国网,http://news.china.com.cn/2014-11/13/content_34033050.htm,2014年11月13日。

表4.2   大学生使用电脑及上网情况

题　项	选　项		
是否拥有自己电脑	是	否	
	200	96	
是否经常网上购物	经常	偶尔	从不
	105	171	20
平均每天使用电脑上网时间	≥2 小时	2 小时≤5 小时	≤5 小时
	132	129	36
平均每天使用手机上网时间	≥2 小时	2 小时≤5 小时	≤5 小时
	53	171	71

所以电脑黑客与网络陷阱在目前已经很普遍，但在所有的受访者中认为"非常普遍的"仅有37人，171人认为"比较普遍"，另有88人认为"不是很普遍或者很少"。可以看出大学生对于自己直接面对的存在于身边的电脑黑客与网络陷阱的风险认知还是存在着一定的忽视与低估。

（二）获取科技风险信息途径的单一性与风险信息扩散的广泛性

互联网普及率即将触顶，而年轻与高学历的大学生对网络与新媒体的使用远远超过一定的预期。在被访者中平均每天使用电脑或手机上网的时间在 2 小时以上分别占到了总访问者的55.7%与81.8%，如表4.2所示。这就决定了他们在获取科技风险信息途径上的一边倒，在调查中涉及"您目前获取了解科技风险方面信息的最主要途径？"中有207 名大学生选择了新媒体（网络、手机），占到了所有被访者的70%。如图4.2。

传播效果研究证实媒介内容通过特定的认知心理过程，对个人

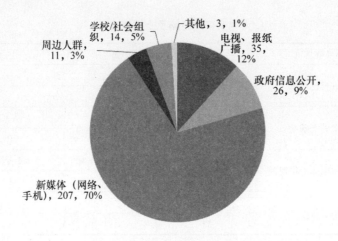

图 4.2　获取科技风险最主要的途径

的社会感知产生影响。英国学者发现，大众媒体影响着人们对危险的理解，尤其是当人们对这些危险缺乏直接经验和相关知识的时候，媒体的作用更明显。因此信息来源的单一性，容易使每个大学生个体成为科技风险"放大站"，大学生在对科技风险直接的个人体验缺失或极少时，他们会借助于新媒体来获得关于科技风险的间接体验。随着他们对新媒体的接触越多，依赖性越大，他们所知道的现实也越来越接近媒体给出的现实。媒体通过信息的制造与传播为他们建构一个拟态世界。

而且他们对新媒体的依赖性与信息来源的单一性，也更容易促使科技风险扩散的广泛性，这主要与新媒体的传播特征密切相关。新媒体的发展与运用使大学生进入"一人一媒体"的时代，会使他们信息传播渠道相对单一化。在被访者中，涉及"假设您收到一条关于可能会造成健康威胁的科技风险方面的短信或留言"，113 人选择了会立即用微信分享到朋友圈或用 QQ 群转发给亲朋好友，

108 人会考证后再用微信分享到朋友圈或用 QQ 群转发给亲朋好友，选取新媒体手段进行转帖转发的占到了总访问人数的 74.7%。而在新媒体时代，不仅网络本来具有虚拟性，而且"飞信""微信"等技术手段将手机与网络环境捆绑在一起，使手机用户的身份也具有虚拟性，在这种"脱域机制"①的作用下信息的扩散与传播都变成了"以身体不在场为基本特征"的传播，这种传播特点远远超越费孝通先生以往"差序格局"的熟人圈子，将陌生人纳入互动范围之内，在扩大社交范围的同时，也使科技风险扩散的边界趋于模糊化与广泛化。

（三）科技风险感知较为强烈而风险规避意识与规避能力不高

保罗·斯洛维奇在《事实和恐惧：理解感知到的风险》一文中发现公众对风险的反应很大程度上受到风险的性质与可控制程度的影响，如果某个风险事故发生即使这个事故中有许多人丧生，但人们认为是自己熟悉的、可以自我控制的，那么它对公众风险感知的影响很小或根本没有影响；相反，如果一个风险事故难以控制，那么它也许会大大增加人们对其的感知程度。因此本次调查采用大学生认为科技风险是否可控作为测量大学生风险感知强烈度的变量。在被访者中分别涉及"生态灾难风险、核风险以及化学毒物风险发生后能否控制"，其认为不可以控制与根本无法控制的人数比例分别占到了总调查人数的 48.99%、64.5% 及 53.7%。如表 4.3，基本占到了调查总人数的半数及以上。可见大学生对科技风险的感知相对还是比较强烈。

---

① ［英］安东尼·吉登斯：《现代性的后果》，田禾译，译林出版社 2001 年版，第 5 页。

风险治理与和谐社会构建

表4.3 科技风险发生时是否可以控制

控制程度 风险类别	完全能控制	基本可以控制	不可以控制	根本无法控制
生态灾难风险	12	139	131	14
核风险	8	97	157	34
化学毒物风险	9	128	140	19

　　但是与此相反的是，他们对科技风险的规避意识与规避能力却有待提高。在问卷中设计了6个题项（涉及转基因食品、核辐射、环境生态风险以及化学毒物）来测定大学生对科技风险的规避能力，其中选择错误与不清楚的人数比例很高，大都在50%以上，有的甚至达到了90%，这反映出当代大学生对科技风险的认知率较低，对科技风险的规避意识与规避能力不高。如表4.4。

表4.4 大学生对科技风险的规避意识与能力题项

题项	选择错误与不清楚的人数（比例）
在超市购买食品时，是否关注过转基因食品的标识	从未关注的217人（73.3%）
受到或可疑受到放射性污染的人员应清除污染，最好的方法是洗淋浴	270人（91.2%）
喝绿茶、吃木耳、戴口罩这些措施可以有助于减少核辐射	255人（81.6%）
提前吃点碘药，可以在一定程度上预防核辐射对身体的伤害	161人（54.4%）
室内摆放绿色植物盆栽可以大大降低PM 2.5	196人（66.2%）
重金属中毒后喝牛奶可以缓解其病情	108人（36.5%）

这里面部分原因当然由于当前大学生的学习重心是在自己的专业理论知识上，知识面相对较窄，科技视野不开阔，在现实中忽视理论联系实际的应用。但主要的原因在于学校在科技风险教育方面的严重缺失，因为大学生经历了九年义务教育和三年高中阶段的教育，相对来说接受社会教育的时间与经历很少，因此学校教育就应该承担起对科技风险教育的这个职责。而当代大学生在学校中对科技风险信息的获取情况并不容乐观，他们表示在学校中极少能接触到这类教育。在调查中，涉及"您在学校（包括小学、中学、大学）是否接受过系统的关于科技风险方面的教育？"215 名也就是将近72.6%的大学生明确表示没有接受这方面的教育，因此他们对此教育表示非常渴求，207 名（70%）的大学生认为非常有必要在大学开展科技风险方面的教育。

（四）在对科技风险态度的表达中激情的非正式表达程度较高而规范的制度化表达程度较低

在科技风险感知基础上调查了大学生针对科技风险态度的表达情况，发现一个悖论表达的路径：激情的非正式表达程度较高，但规范的制度化表达程度较低。在调查中当大学生被问及"假设您收到一条关于可能会造成健康威胁的科技风险方面的短信或留言，您会怎么样"，113 人选择了"会立即用微信分享到朋友圈或用 QQ 群转发给亲朋好友"，108 人选择了"会考证后再用微信分享到朋友圈或用 QQ 群转发给亲朋好友"，而紧接着涉及"假设您收到一条关于不会造成健康威胁的科技风险方面的短信或留言，您会怎么样"，仍有 132 名大学生选择了"会考证后再用微信分享到朋友圈

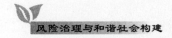

或用 QQ 群转发给亲朋好友"。可以看出在信息化社会的今天，由于新媒体所具有的评述便利、表达便捷等特点，特别是微博、微信等微媒体的技术优势和非个体责任性，推动了大学生会通过转帖转发这种非正式化的渠道来表达对科技风险感知。而与之同时，许多大学生对正式表达渠道的参与的程度却远远不够，问卷选取了 2013 年的《中华人民共和国食品安全法（修订草案送审稿）》来作为调查题向，这个备受关注的草案曾向社会公开征求意见，草案其中涉及了对转基因食品的监管政策，在被访的 296 人中仅有不到 10% 的大学生表明自己关注并提供了意见建议，[①] 其余的 267 人（90% 以上）的被访者表明自己没有关注也没有参与提供意见建议。

当然，相关信息渠道的缺乏以及在科技风险决策中由于缺乏专业的知识背景而产生的"自我效能感"不高是其规范的制度化表达不高的主要原因，如图 4.3。1977 年，美国社会心理学家 Bandura 在其社会学习理论研究中提出了"自我效能感"（sense of self-effi-cacy）的概念。1986 年，在总结自己和他人研究成果的基础上 Bandura 在其著作《思想和行为的社会基础社会认知论》中，他将自我效能感定义为"个体对自己能否胜任某项任务或能否达到某一作业成绩的潜在的能力的主观信念"，它决定着一个人如何感知和思考自己的生活情境，以及如何根据此来决定在这一情境中所采取的行动，是主体自我系统的核心的动力因素之一。[②] 当代大学生由于对

---

① 由于随机抽中的专业中涉及了西南科技大学生命科学与工程学院的"食品科学与工程"专业，此专业学生曾受到教师的课堂动员，对《中华人民共和国食品安全法（修订草案送审稿）》进行过关注，因此这里的调查数据相比实际情况可能有一定的偏高。

② ［美］A. 班杜拉：《思想与行动的社会基础：社会认知论》，林颖等译，华东师范大学出版社 2001 年版，第 112 页。

科技风险相关专业知识背景认知有限，会很大程度上认为自己的意见建议没有意义或不会被采纳，从而进行表达的"自我效能感"低下，最终导致规范的制度化表达程度不高。

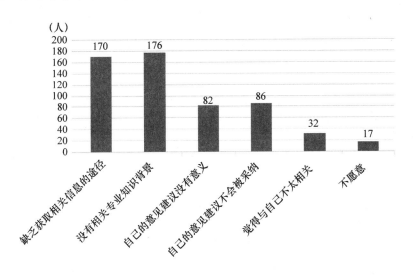

图4.3　没有提供意见建议的原因

三　本章小结

在对大学生在科技风险感知中的个体行为特征进行分析后，发现他们表现出的一系列行为特征会给科技决策带来一定的挑战。

首先，大学生对后果严重、概率较低的科技风险感知十分强烈，即使这些风险相比其他的风险更远离自己的生活，而对身边的可能发生的科技风险却往往容易忽视，这可能导致科技决策者公共议题选择上的困惑，可能会出现不知应该去选择应对公众担忧的小概率科技风险议题，还是应该去处理公众身边容易遇到的科技风险议题。

另外大学生获取科技风险信息的渠道比较单一，对新媒体的依

赖性非常强，而新媒体中对一些科技风险的解释可能会存在一些误区，诸如曾经在百度百科词条中曾对 PX 的描述是"剧毒"，虽然后来清华大学化工系的学生对此予以纠正，但是这表明对科技风险传播的单一渠道可能会使公众陷入媒体建构的拟态世界中，导致对科技风险的误解或人为地放大，这也会给科技决策带来一定的挑战。

其次，调查中发现大学生对科技风险认知与规避能力相对较低，如果连受过良好教育的大学生都不理解科学，对科技风险不了解，那就更不要提普通民众对其的理解，因而往往会在一些科技决策出现公众诸如"只要不明白，就不要它"的非理性的维权心理，从而导致在现实中一些有利民生且符合环评标准的科技项目被"妖魔化"、被"污名化"而徘徊不前。

最后，在需求多元化、利益分散化以及决策过程日益复杂化的今天，任何组织和个人都难以凭借其有限的知识做出符合公众广泛和个性需求的科技决策。为了增加未来科技决策的民主化与科学化，纳入公众的参与已经成为目前社会各界的共识。但是实证调查却发现，连当代大学生对政治决策的参与都已出现了冷漠化的倾向，尤其在存在着技术壁垒和专业化隔离的科技决策领域更为明显，他们由于自我效能感的缺乏，只是选择激情化的表达，但很少进行制度化的表达，这就会导致科技决策中公众参与程度较低的状况，导致科技决策中公众的合意难以得到真正的体现。

第五章 风险感知视角下科技决策面临挑战的经验分析

——以国外页岩气技术为例

　　布雷耶曾用一个心理模型表明公众对一项新技术的接受程度很大程度上依赖于他们对其潜在收益与潜在风险的感知。因此，公众的对一项技术的风险感知（risk perception）的强烈与否，主要来源于他对此项技术收益感知（perceived benefit）与危害感知（perceived hard）综合权衡的结果，而这种结果会直接影响到公众对一种具有争议性技术决策的支持度与接受度，① 如图5.1。从工具的角度来看，社会接受度可以代表对一项技术发展的最主要的潜在障碍。公众对风险的感知会显著影响到各国各地政府对某项技术的规划决策的态度。本章以美国、英国、波兰与德国页岩气技术的发展现状为例，分析由于公众对其收益感知与危害感知的不同，导致的风险感知的差异，而这种差异给页岩气技术决策在各国的发展产生了一定的影响。

---

　　① Holtgrave D R, Weber E U. Dimensions of risk perception for financial and health risks. Risk Analysis, Vol. 13, No. 5, 1993, pp. 553－558.

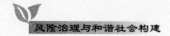

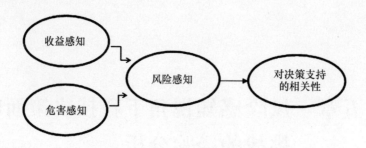

图 5.1　公众风险感知与对科技决策支持的相关性（Holt-
grave D R，Weber E U，1993）

一　页岩气技术发展中的风险

　　页岩气是一种被困在页岩（一种由泥浆组成的细颗粒的沉积
岩）中的天然气。世界大多数国家都意识到页岩气开发可能给自己
国家的能源结构带来巨大的改变，大规模开发页岩气，将有利于缓
解一些国家油气资源短缺的现状。"这一点已在美国得到了证明。
10 多年前，美国还不得不从海外进口大量天然气。而到了 2011 年，
美国页岩气产量已超过 1800 亿立方米，占天然气开采总量的 34%，
使得天然气价格大幅度下降，能源自给率提高，在全球能源格局上
占尽先机。"① 欧洲委员会的"能源路线图 2050"已确定气体作为
排放较低二氧化碳与更多可再生能源和能源系统转变的关键燃料，
而页岩气则被认为可能有助于实现这种转变。

　　页岩气的开发利用虽有诸多优点，但也存在较大风险，其中大
部分风险与其勘探和开发的所采用的水力压裂法相关。目前，页岩

---

　　① 原二军：《页岩气开发面临诸多风险》，《中国环境报》，http://news.bjx.com.cn/html/
20130222/419001 - 4.shtml，2013 年 2 月 22 日。

气开采的核心技术主要有水平钻井与水力压裂，而"水力压裂主要是在开采过程中，通过将数千吨的水、沙子以及化合物质添加剂混合成液体（压裂液），将其压入地下一两千米处，通过压力使岩石分裂，把页岩气从岩石中逼出"。[①] 公众对这种技术的风险的关注主要集中以下几个方面，首先是水污染的风险，包括在使用水力压裂和钻井液中产生的化学化合物对浅层地下水存在潜在的影响，这种化学物质还有可能泄漏到地下水层中，对河流、湖泊、地下水蓄水层带来污染；另外还有对大气的污染，页岩气并不像想象中的清洁低碳，其对大气的影响甚至超过传统的天然气，页岩气也有大量温室气体的排放（主要是二氧化碳和甲烷）；其次对地质产生的影响，在压裂过程中可能诱发小规模地震。除了关注这些对环境和公共健康产生的整体负面影响外，涉及具体的有发展页岩气前景的地区，对运营过程中所产生的诸如增加当地的交通可能造成拥堵、产生噪音与干扰的影响以及对当地现有企业和物业价值的影响等。当然，在每个国家公众对页岩气技术风险的关注点、收益感知、危害感知、对风险反应程度及反对强度都存在一定的差别，这使得每个国家在是否开采页岩气上的态度各异。

二　几个典型国家公众的风险感知与政府决策

（一）美国公众风险认知、态度及政府决策

美国是页岩气技术发展最早的国家，早在 1821 年就已经开始，

---

① 原二军：《页岩气开发面临诸多风险》，《中国环境报》，http：//news. bjx. com. cn/html/20130222/419001 - 4. shtml，2013 年 2 月 22 日。

而开始工业化生产是到了 20 世纪 20 年代，到了 70 年代中期时美国已经步入规模化发展阶段。在公众还尚未了解页岩气技术带来的风险时，美国政府已经为其制定了一系列相关的扶持与鼓励政策，为其大开绿灯、一路放行，到目前已成为世界上唯一一个实现了页岩气大规模商业性开采并利用的国家。美国的《能源税收法案》和《能源意外获利法》使直到 2003 年之前的页岩气的生产与销售都享受了税收的优惠与减免。另外在环保方面，美国政府更是备受质疑，在有居民投诉水力压裂导致他们的饮用水受到污染时，美国环保署（EPA）竟在 2004 年完成的对其相关风险评估中，提出水力压裂完全不会对饮用水造成影响。小布什政府更是在 2005 年签署了免除页岩气水力压裂受到《安全饮用水法案》监管的《能源政策法案》，即著名的"哈里伯顿漏洞"。这些扶持与鼓励政策使得美国的页岩气发展迅速，在 2015 年美国的环境影响评估报告中提到，页岩气目前已占了美国天然气产量的 46%。

因此，美国民众在尚未完全了解这项能源技术所带来的风险时，页岩气技术已在政府的支持下成为了既成事实，公众在未了解其风险之前反对的声音相对较小，但是随着水力压裂法风险的逐步显现："2009 年，怀俄明州的饮用水源受到页岩气开发压裂液的污染；同年，宾夕法尼亚州由于压裂液泄漏造成东南部溪流中盐度过高、藻类疯长，43 英里的地表径流受到污染，大量鱼类和两栖动物死亡；2010 年，德克萨斯州页岩气开发中发生一起井喷，许多压裂液喷出来导致了污染。"① 公众开始出现一定的风险感知，并开始质

---

① 原二军：《页岩气开发面临诸多风险》，《中国环境报》，http：//news.bjx.com.cn/html/20130222/419001-4.shtml，2013 年 2 月 22 日。

疑这项技术，许多州诸如新泽西州、科罗拉多州、宾夕法尼亚州都加入了反水力压裂大军。

美国公众对页岩气技术风险感知表现出以下几个明显的特征：第一，因为美国页岩气开发仅限于特定区域的事实，因此在风险认知和态度上存在相当大的区域差异。正如人们所期望的，在美国，认知率最高的地区是那些正在进行开采或有开采前景的地区。诸如在美国的加州由于页岩气产量排在全国首位，当地的反对声音就比较强烈，当地多家环保组织联合当地农户把美国联邦土地管理局告上法庭，主要担心水力压裂法给地下水带来污染，影响当地的支柱产业农业；① 第二，公众对页岩气的反对仅限于局部范围，并未在全国形成大范围的讨论。主要由于美国地广人稀，页岩气开发又主要局限在特定的区域，在一些人口密集的地方，比如纽约州，美国是禁止页岩气的开发，因而并未引起公众大范围的关注，更未上升到政治的高度；第三，美国公众对页岩气开发技术的"相对风险感知"较低，公众对页岩气技术危害的感知来自社会与环境方面，而对收益的感知则是经济方面，虽然页岩气开发给公众带来的"绝对风险感知"没有改变，但由于美国特有的土地私有制与地方税使得本地居民可以通过出售页岩气的所有权获得巨大的收益，加之页岩气的开发可以为当地创造就业，促进当地经济的繁荣，公众对这些收益的感知一定程度上可以抵消对环境危害的担忧，从而使公众对页岩气技术的"相对风险感知"降低，这些都使得页岩气在美国的开发未受到公众大规模的抵制抗议，可以顺利进行。

———————————

① 陈一鸣：《美页岩气开采遭民众抵制》，环球网国际新闻，http：//world. huanqiu. com/depth_ report/2013－03/3781745. html，2013 年 3 月 30 日。

（二）英国公众风险感知、态度及政府决策

英国有着丰富的页岩气储量，根据英国地质调查局的评估，大约为36.8万亿立方米，只要开发出10%就足够英国用40年，因此英国政府对页岩气的发展表现得很积极，出台了一定的鼓励政策，诸如英国财政部长就水力压裂开采页岩气行业实施大规模的减税方案，并颁布了大量的石油勘探和开发许可证（petroleum exploration and development licenses，PEDL），授予地方政府页岩气开采许可的权力（可直接批准或拒绝）；但英国民众对此却表现得犹豫不决。

对英国关于页岩气技术的民意调查除了一些媒体进行的投票活动外，另外还有两个具有代表性的调查，通过它们可以观察英国民众对页岩气技术的认知水平与态度状况：一是由能源和气候变化部进行的"WAVES Public Opinion Tracker 4"调查，据2015年12月的调查结果显示：英国12%的公众显示了对页岩气技术较高层次的认知水平，了解很多关于页岩气的知识；42%知道一点，21%是知道问题，但并没有知道很多（总共有75%人具有一定的认知水平）。有趣的是，在农村地区有一个更高层次的认知水平（达到81%）；在对页岩气的态度上，43%的公众既不支持也不反对页岩气的开采，23%支持，30%反对。① 另一个是 Flash Eurobarometer 420在具有页岩气发展前景城市的局部调查，在英国选取的是兰开夏郡（英格兰西北部的一个郡）样本显示，当地公众对页岩气表现出非常高的认知水平（达到80%），但超过一半的受访者认为他们

---

① The DECC WAVES opinion tracker. https：//www. gov. uk/government/collections/ public-atti-tudes-tracking-survey. 2016 – 01 – 21.

仅是知情的。在对待页岩气开发的态度上，兰开夏郡的公众中21%认为会有新的机遇，32%倾向于同意，但有近一半的公众在一定程度上表示不同意。①

可以看出，英国公众对页岩气的认知与态度的特征：一、英国有大量处于"纠结"状态的公众，他们难以决定支持还是反对，调查中竟有将近一半的公众的态度竟然是不支持也不反对；二、很明显，在具有页岩气开发前景的地区的反对声音比一般地区要高得多。在对待页岩气开发所面临的风险上，英国政府坚持认为，与页岩气相关的风险是可以得到有效管理的，如果它是安全的，就应该发展它。但从公众风险感知上，显然是不相信政府的说辞，在上述民意的调查结果显示，公众持续关注水的污染和水的使用，甲烷泄漏（所谓的无组织排放），以及运营所产生的诸如增加交通拥堵、噪音和干扰的影响，也有关注整体的负面影响，如对环境和公共健康可能产生的负面影响，以及对现有企业和物业价值的影响，但英国公众对水力压裂引起的地震不再是关注的重点，也许是相对的措施已经引入。公众对这些风险的感知显著影响到当地对页岩气技术的规划和决策，至少到目前为止，即使英国已经颁布了大量的石油勘探和开发许可证，并授予地方政府可直接批准或拒绝的权力，但在公众犹豫不决的态度下，当地政府大都是拒绝给开发商颁发水力压裂的规划许可证，因此英国的页岩气技术发展得并不顺利，进度相对缓慢。②

---

① Eurobarometer 420. Attitudes of citizens towards shale gas in selected European regions, Report, Brussels: European Commission. 2015.

② Wallquist L, Visschers VHM, Siegrist M. Antecedents of risk and benefit perception of CCS, Energy Procedia, No. 4, 2011, pp. 6288 – 6291.

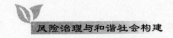

（三）波兰公众风险感知、态度及政府决策

在欧盟成员国，波兰公众对页岩气技术的风险感知及态度在所有欧洲国家中是表现最"离群"的一个。在波兰，对公众关于页岩气技术态度的第一次调查是在2011年，当时就已经显示出高水平的公众支持，有73%的公众赞成，仅有4%反对，另外23%没有意见。在2013年再一次开展了有关页岩气的民意调查，这个调查仅限于波兰具有页岩气发展前景的地区，波兰的西北部和鲁贝尔斯基区域，这项调查显示了波兰公众对页岩气具有一个非常高的认知水平（92%）和一个较高水平的支持（72%），但这里的认知仅是相对较低的知识水平（57%的人说，他们只知道页岩气技术是什么），关于页岩气技术的安全性，超过一半公众（58%）认为页岩气开发是安全的，1/3的公众（29%）认为它不安全，另外1/3的受访者希望获得更多的信息。[1] 这些数据可能是有限的而且有一定过时性，但是这一组调查数据却表明波兰公众仅基于对页岩气问题的有限认知理解就对其有一个很高的支持[2]。在2015年6月进行的调查包括波兰鲁贝尔斯基和波莫尔斯基两地区，结果表明，相比调查中的欧盟其他10个地区，这两个地区的公众对页岩气技术的支持水平（分别为82%和80%）和知识水平都是最高的。事实上，在调查的多个方面，波兰的两个地区都表现出很强的"离群"值，这表明在

---

[1] Bradshaw M. Integrated review of public perceptions of shale gas impacts, M4 Shale Gas Consortium, 2016.

[2] Eurobarometer 420. Attitudes of citizens towards shale gas in selected European regions, Report, Brussels：European Commission. 2015.

波兰关于页岩气的发展有一个与欧盟其他国家完全不同的情况。①

从这些数据可以看出波兰民众对页岩气技术的风险感知与态度的特征如下：一、波兰公众在对页岩气技术有限理解的基础上就具有一个较高的支持；二、这种认知与支持是持续而稳定的，因为几次调查数据都非常接近；三、即使是在具有页岩气发展前景的地区公众的支持仍然很高。总体上，波兰公众对页岩气的支持程度很高，公众不认为它是特别危险的，事实上，在波兰公众认为页岩气比煤和石油更环保更安全，当然也有地方表现出对环境问题的关注，如水污染和地震活动，但还是表示出有限的支持。

波兰公众对页岩气技术的高度支持的主要原因在于他们对其收益感知的强烈，他们认为页岩气技术可以改善波兰的能源安全，减少对俄罗斯进口天然气的依赖。目前波兰每年消耗的天然气中有2/3是从俄罗斯进口的，对俄罗斯的能源依赖性非常强，而波兰公众希望页岩气的开发可以为自己国家提供一种新的本土能源的来源。可以说他们对页岩气的收益感知远远超过了对其风险的感知。与美国公众对页岩气的收益感知主要来自于经济方面不同，波兰公众的收益感知主要来自于能源安全方面，正是收益感知的显著性导致公众对页岩气的"相对风险感知"降低，公众相对较低的风险感知与积极的支持态度，使得波兰在几个欧洲国家中页岩气的发展水平相对较快，目前波兰环境部已在全国各地发放了 109 个页岩气勘探特许权，已有 14 家波兰和外国企业在波兰实施页岩气的勘探项目，并已开凿了 70 个页岩气勘探钻孔。但是受到其他因素（地质

① Eurobarometer 420. Attitudes of citizens towards shale gas in selected European regions，Report，Brussels：European Commission. 2015.

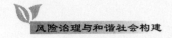

条件、高成本及官僚主义等）的影响，波兰页岩气的发展前景并不是特别乐观，当然这并不在本文的讨论范围。

（四）德国公众风险感知、态度及政府决策

在德国针对页岩气的调查显示，公众压倒性地关注页岩气技术对环境潜在的负面影响，出现非常高的反对声音，曾有超过50万的公众联合签署了一份请愿书呼吁在德国全面禁止水力压裂技术。[①]德国公众不仅对页岩气水力压裂技术带来的土壤污染、地震的风险与占用巨大的土地面积和带来生活质量的恶化等风险较为关注，最主要由于德国酿酒业的发达，使得公众对水污染的风险感知异常显著，另外德国公众希望发展可再生能源，而不是与气候变化政策不相符的页岩气，也直接导致了公众对页岩气技术收益感知的相对缺乏。因此在德国就出现了对页岩气危害感知相对强烈，但收益感知的相对缺乏的状态，最终"相对风险感知水平"就比较高，从而导致德国公众对页岩气的反对声音非常高。

德国公众对页岩气技术风险感知的特征表现为：一、公众的反对声音不仅局限在某一区域，而是扩展到全国范围，形成了全国性的规模；二、德国公众对页岩气的反对具有了一定的组织性，这也是德国与其他国家最大的区别，主要是德国诸多公民团体、环保组织（诸如社会民主党环境保护组织等）的牵头与发动，也有一些利益团体的代表以及一些专门的有关页岩气平台的交流。诸如专门供德国公众态度表达的交流平台"无野外压裂"（No Moor Fracking）

---

① Bradshaw M. Integrated review of public perceptions of shale gas impacts，M4 Shale Gas Consortium，2016.

以及反对钻井的"Gegen Gasbohren"。"无野外压裂"（No Moor Fracking）是反对水力压裂技术的一种非正式的协会，其没有一个正式的机构，它的目的是作为一个信息来源，促进各种形式的邻里自组织，并在该组织的网站列出与页岩气技术相关的风险；反对钻井的"Gegen Gasbohren"收集当地社区有关受到天然气勘探影响的信息，包括非常规天然气项目。网站推广涉及页岩气风险的争论，尤其是对水和土壤的潜在污染，该计划的目的是暂停对水力压裂的实施，直到风险被充分评估。[①]

公众强烈的风险感知与大范围的组织化的反对，导致德国页岩气技术的发展阻力重重。最近几年，德国相关的政府机关都会对有关禁止页岩气发展的进行一定的表态，来安抚公众的情绪，在 2014 年 7 月 5 日，德国环境部长表示由于担心对地下水的污染，德国在接下来的 7 年时间都会停止页岩气钻井活动；2015 年 4 月 1 日，德国总理内阁签署了一项针对页岩气水力压裂技术的禁止法律草案，并得到德国议会的批准，法律提出在今后的几年里将彻底禁止页岩气水力压裂技术，只允许用于在严格条件下进行了风险和环境影响评估的科学试验钻探；2016 年 6 月 21 日，"关于无限期禁止使用水力压裂开采页岩气"的法律草案在德国通过，这个草案对德国的页岩气的开采可以说已基本禁止，仅允许对原来已批准的试钻继续。但是这个各方妥协的"不确定性"禁令仍没有让德国民众满意，他们认为这样的"不确定性"禁令

① dr Aleksandra Lis, Instytut Sobieskiego. Uampublic Controversies Over Shale Gas In Europe-Germany. http：//infolupki. pgi. gov. pl/en/society/public-controversies-over-shale-gas-europe-germany. 2014 – 07 – 24.

使水力压裂的放开有了一定的可能性。

三 本章小结

上述各个国家公众对页岩气的风险感知、态度与政府的决策存在很大差别,如表5.1。

表5.1 各国公众对页岩气的风险感知、态度及政府决策

国家	公众风险感知	公众的态度	政府决策
美国	发展较早,公众后期对页岩气水力压裂技术造成的地下水污染有一定的感知	部分州、部分地区、部分民众反对	较早通过了一系列相关的扶持与鼓励政策,成为目前世界上唯一实现了页岩气大规模商业性开采并利用的国家,局部地区受到一定影响
英国	公众对水的污染、甲烷泄漏以及运营过程负面影响感知强烈,对地震风险关注度不大	犹豫不决,部分民众反对	授予地方政府页岩气开采许可的权力(可直接批准或拒绝);大多地方由于民众压力,大都拒绝,进度缓慢
波兰	公众不认为它是特别危险的,认为比煤和石油更环保、更安全。部分地方对水污染和地震活动的风险有一定感知,但对能源安全的收益感知使相对风险感知降低	相对比较乐观,支持度较高	是欧盟成员国页岩气发展最先进的一个国家,在全国各地发放了109个页岩气勘探特许权,已有14家波兰和外国企业在实施页岩气的勘探项目,开凿了70个页岩气勘探钻孔,但前景并不乐观
德国	对土壤污染、地震的风险与占用巨大的土地面积和生活质量的恶化的风险有一定感知,对水污染风险感知异常显著	公众反对程度较高,具有全国规模性与组织性	目前通过了"关于无限期禁止使用水力压裂开采页岩气"的法律草案,发展阻力重重

可以看出在比较有代表性的四个国家中，美国页岩气技术发展较早，在技术风险尚未显现时，公众风险感知尚未出现时，已经得到大力发展，目前欧洲国家对水力压裂技术的风险感知正是来自于美国在发展中遇到的风险作为证据基础；在欧洲国家中，波兰公众的风险感知最低，因此也是欧洲国家中页岩气发展最快的国家；可以看出对一项技术收益的感知和危害的感知对行为倾向有着很大影响，诸如对相关政策的支持。① 美国与波兰两个国家的公众表现的"相对风险感知"的降低，主要在于收益感知的提升。潜在的危害和收益被认为是高度本地化的，美国公众的收益感知主要来自于经济方面，美国的税收与底土（subsoil rights）政策使得地方民众受益相对较多，而波兰公众的收益感知主要侧重于本国能源安全，认为页岩气的发展有助于本国摆脱对俄罗斯能源进口的依赖，两个国家公众的收益感知虽不同，但都在一定程度上弥补对环境和社会的危害感知，从而降低相对风险感知，导致公众对页岩气决策的接受度与支持度提升。

其他欧洲国家与美国相比，公众的风险感知相对强烈，页岩气技术发展相对缓慢。这主要原因：一是美国地广人稀，公众对这种技术风险认知相对较低，而欧洲则人口相对密集，加之欧洲的环境规制更为严格，导致公众对此风险感知比较强烈；二是在欧洲的底土权利通常是在国家的手中，因此具有页岩气发展前景的社区或地区很难以从中获取收益，公众的收益感知相对较低；三是欧洲一些国家的社会运动与政党使得对页岩气技术风险的讨论上升为政治的

---

① Holtgrave D R, Weber E U, Weber E U. Dimensions of risk perception for financial and health risks. Risk Analysis, Vol. 13, No. 5, 1993, pp. 553 – 558.

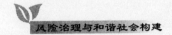

高度，甚至引起大范围乃至全国性的讨论，这就进一步加深了公众对水力压裂法的风险感知，而强烈的风险感知最终导致欧洲各国页岩气技术发展得相对缓慢。

第六章　风险感知视角下科技决策
面临挑战的实证分析

在现实中，公众对科技风险的感知不仅来自技术层面，更具有内在的社会和心理变量，这种变量带有一定的主观性，虽难以测量，但对科技决策的影响却是切实存在的。本章通过对公众在日常生活中对科技风险的认知与态度进行实证考察，来揭示其给科技决策带来的现实挑战。

一　问卷设计与数据收集

本次问卷设计主要对公众日常生活中对待科技风险的认知与态度进行考察。问卷设计主要想了解以下五部分"公众对科技风险的感受与可接受性""公众对政府目前处理科技风险的态度""公众对现实中一些典型的科技风险（核风险、化学产品风险、基因工程风险、生态灾难风险）带给其的危害性及可控性认知""公众对科技风险专家评估的态度"以及"公众对科技风险分布的态度"。调查的主要目的是通过了解公众对科技风险的认识、感知与评价，揭

示其对科技决策带来的一定的挑战。

此次问卷调查本着样本具有典型代表性且经济有效的原则，采取了电话访谈、特定人群定点调查以及网上随机调查的方法相结合，共发放问卷 800 份，其中回收问卷 786 份，回收率为 98.25%，调研数据统一运用 SPSS 统计软件进行处理与分析。样本人群中男性 45.8%，女性 54.2%，男女比例相对比较平衡。平均年龄 38.6 岁，年龄结构上偏中青年。事业机关单位职工 13.74%，企业公司员工 42.37%，个体经营者 3.82%，教师及研究人员 12.98%，学生 24.05%，其他 3.05%，职业分布较为广泛。初中以下 0.38%，高中/职业技术学校 4.2%，大学/大专 73.28%，硕士及以上 22.14%，考虑调查内容的特殊性，学历结构偏较高层次。

二 分析及政策含义

（一）科技风险可接受性的不一致导致科技决策中标准制定的模糊性

风险的可接受性（risk acceptability）这一概念让人感到社会是可以在一定程度上接受风险的，并将其视为是获得某些有益技术或活动的合理代价。在调查中，公众"在多大程度上接受科技发展带来的风险"，在 786 人中，498 人表示在安全可控的情况下可以接受，占 63.85%；246 人表示可以基本接受，占 30.77%；21 人表示完全接受，占 2.69%；因而可接受的公众占到了 97.31%，只有很少一部分，2.69% 表示完全不接受，如表 6.1。

表6.1　　　　　公众在多大程度上接受科技发展带来的风险

多大程度	人　数	占比
完全接受	21	2.67%
基本可以接受	246	31.3%
在安全可控的情况下接受	498	63.36%
完全不接受	21	2.67%
总人数	786	100%

正如劳伦斯主张，"如果某一事物所附带的风险是可接受的，那么这一事物就是安全的"。政府可以通过设定安全标准来促使科技政策的可接受性，如图6.1显示，政府制定风险标准的范围应该在公众接受风险水平与容忍的风险水平之间。但由于公众对风险的判断是一种带有很强主观性的反思性判断，他们对科技风险的反应存在明显的差异，不会在个人容忍和接受的程度上取得一致。因而在科技决策中，问题会因为标准的具体化而变得复杂，正如斯科特·拉什提出的对风险的判断其实是一种反思性的判断，往往具有很强的主观性色彩，处在不同风险文化背景下的不同判断者，乃至在同一种风险文化背景下的不同判断者，对风险所作出的反思性判断，从选择的判断方式及最后的判断结果上，都会存在很大的差异性。因而政府在科技决策的过程中就面临着"风险相对化"的巨大困难。什么样的标准是科技决策的合适标准？多安全才算安全？社会是否应该不论背景对所有种类风险一律采取一套统一的标准？谁应该参与制定这些标准？如果这些标准被证明不合乎要求谁应该负责？[1]这些都成为科技决策面

---

① Bradbury J A. The policy implications of differing concepts of risk, Science Technology & Human Values, No. 3, 1989, pp. 380 – 399.

临的很大的难题。事实上，目前一些最难应对的风险，主要就是指那些个人的风险容忍度存在差异与难以趋同的风险，即前面提到的评价标准存在模糊性的模棱两可的风险，例如核电、转基因食品等。

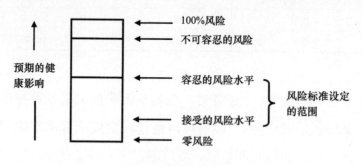

图6.1　政府设定科技风险标准范围

（二）科技风险的难以试错性使科技决策面临很大的不确定性

斯洛维奇等人的研究表明，在对待大灾难发生的可能性上，面对同一预期值的多种选择，人们显示出不同的独特偏好，公众常认为低概率、严重后果的风险比那些更可能发生的、后果严重性为低级或中级的风险更加危险。基于此，在调查中，选取了公众对核能和化学制品的风险态度进行了分析。其中，在涉及"对待核风险的危害发生时是否可以控制？"时，将近60%的公众，认为不可以控制甚至根本无法控制。如图6.2左。在涉及"化学制品风险产生时是否可以控制时"，将近一半，43%的公众，也认为不可以控制甚至根本无法控制。如图6.2右。

对核能和化学制品风险的高度担忧主要是由于公众认为这些灾难是小概率性的事件，而小概率性意味着，针对最坏情况的应急计划的充分性和适宜性极少得到检验与试错，对科技风险的失控感和

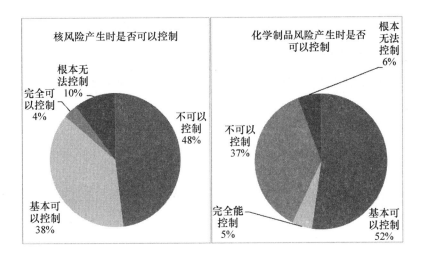

图6.2 核风险及化学制品风险产生时是否可以控制

适应不良导致公众焦虑情绪的困扰。布雷耶指出，即使受伤的概率是相同的，但公众对特定风险表现出的恐惧往往会甚于其他的风险。面对两个同等的风险，公众可能在理性上会更多地恐惧或厌恶，那些不自觉遭受的、新的、不易察觉、无法控制的、延迟的、灾难性的或可能危及未来的与伴有恐怖或痛苦的风险。[①]

科技风险所引起的管理问题不同于其他自然灾害，自然灾害是人类所熟悉的，人类积累了大量的试误（trial-and-error）反应经验来指导管理工作，但对科技风险人类往往不熟悉，也缺乏相应的控制经验。科技决策是一个典型的"决策于未来之中"领域，存在着技术上较大的不确定性，这种不确定性来自方法论、认识论乃至本体论上的一系列问题，对于风险规制所需要的科学信息而言，从概

---

① ［美］史蒂芬·布雷耶：《打破恶性循环：政府如何有效规制风险》，宋华琳译，法律出版社2009年版，第43页。

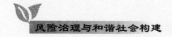

念、度量、取样方法、到数学模型以及因果关系的推论等多方面都存在着不确定性与难以试错性。科学技术本身的不确定性与难以试错性，使得在技术性的规制过程中，公众声称某种技术或物质有危险时，专家与政府有时也难以加以回应，因而决策中面临着公众很大的质疑。

（三）公众认知与专家认知的不一致导致科技决策中议程设置的困境

政策议程乃一个公共问题成为社会上的重大"议题"，引起多数人注意，进而被政府机关接纳，列入处理解决议程的整个过程。政策议程在整个政策过程中扮演着重要的角色，是公共政策的逻辑起点，正如托马斯·R. 戴伊所言："决定哪些问题将成为政策问题甚至比决定哪些将成为解决方案还要重要。"[1] 能否进入政策议程，决定着能否得到政府的稀缺资源的配置。

在科技政策的制定过程中，由于专家们往往以一种狭隘的技术维度定义风险，而公众却持更加丰富和复杂的观点，其中综合了包括价值因素的考虑，如公共灾难的可能性以及可控性。[2] 因而在科技决策中最令人困惑的问题出现了，公众对科技风险的评判往往会迥异于该领域专家形成的任何合意，一些被专家评估为相对较小的风险以及风险事件往往引发公众的强烈关注，并对社会和经济产生重大影响。问卷调查选取了具有代表性的转基因食品作为调查对

---

① ［美］托马斯·R. 戴伊：《理解公共政策》，彭勃译，华夏出版社2004年版，第32页。

② Savadori L. Expert and Public perception of risk from biotechnology, Risk Analysis, No. 5, 2004, pp. 145 – 153.

象，在我国对待转基因食品的产业化上，一些专家呼声很高，在
2013 年 7 月，我国 61 名两院院士曾联名上书国家领导人，请求转
基因水稻产业化，并认为农业部作为主管部门不敢拍板是不作为，
会导致转基因水稻产业化错失良机。而在调查中大多数公众却对转
基因食品抱有抵制的态度，调查显示，47.31% 的公众认为转基因
食品肯定对人体有伤害，39.23% 的公众认为应该有伤害，只有
3.08% 的公众认为没伤害。如图 6.3。

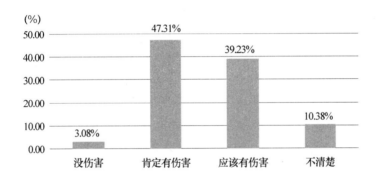

图 6.3　转基因食品是否对人体有伤害

在对"是否会接受转基因食品"的调查中，不接受甚至完全不
接受的公众占到了 42.75%，基本接受与会接受的公众只占到了
27.86%，其余将近 30% 的公众表示一般，如表 6.2。

表 6.2　　　　　　　　　　**公众是否接受转基因食品**

是否接受转基因食品	人　数	比　例
完全不接受	72	9.16%
不接受	264	33.59%
一般	231	29.39%

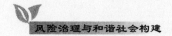

续表

是否接受转基因食品	人　数	比　例
基本接受	180	22.9%
会接受	39	4.96%
总有效人数	786	100%

问题不在于公众对转基因食品的考虑是否正当与合理，而是政府在科技决策的过程中如果要考虑与回应公众的诉求，并把他们纳入科技风险分析当中时，就会出现公众认知与专家认知的冲突，正如格拉汉姆、格林以及罗伯茨所提出的关于对科学与科学家截然相反的两种观点：一种把科学与科学家被看成是解决政治冲突的"工具"，通过他们可以降低不确定性，可以减少政见不一；另外一种截然相反的观点则认为科学与科学家不过是引发关于价值、利益和权力的一场更大规模争论的"武器"。①

公众认知与专家认知的不一致导致政府在处理科技决策过程中，往往面临着不同项目之间优先次序的选择，面临着抉择哪些进入政策议程以及确定如何配置资源的难题与挑战。

（四）公众的高度依赖性与信任鸿沟使科技决策面临两难悖论的选择

由于科技风险威胁的新颖性、罕见性以及相关控制与处理经验的缺乏，加之公众对灾害的熟悉度低，使得公众在科技风险面前往往反应过度，表现出对政府机构的显著依赖性。贝克就指出："在风

---

① ［瑞士］萨拜因·马森、［德］彼德·魏因：《专业知识的民主化：探求科学咨询的新模式》，姜江、马晓琨等译，上海交通大学出版社 2010 年版，第 15 页。

险社会,工业化带来的风险不同于传统风险,人们越来越希望以公共治理体系(包括国家、公民社会和企业),而不是以家庭、个人力量去应对。"①在调查中,将近90%的公众认为在科技风险发生后最有能力处理的主体是政府有关部门而不是个人与家庭。如表6.3。

表6.3　　　　　科技风险发生后认为最有能力处理的主体

处理主体	人　数	比　例
相关社会团体	78	9.92%
政府有关部门	681	86.64%
个人	21	2.67%
家庭	6	0.76%
总有效人数	786	100%

在对政府高度依赖的同时,却面临着信任鸿沟障碍的存在。在调查中,公众对政府目前对科技风险的处理上非常信任的仅有39人,占4.96%,而表示基本信任的有315人,占到了40.08%,另外,表示一般、不太信任与根本不信任的公众为432人,占到了54.96%,几乎一半以上的公众对政府科技风险的规制上并不是很信任。如图6.4。

信任是提高决策水平至关重要而又很脆弱的品质。政府的信任和信誉受制于斯洛维奇所谓的"不对称原理",即信任难以获得,却易于失去:社会信任关系到一个决策的权威性与合法性,是社会

---

① 乌尔里希·贝克:《从工业社会到风险社会(上篇)——关于人类生存、社会结构和生态启蒙等问题的思考》,王武龙译,《马克思主义与现实》2003年第3期。

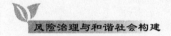

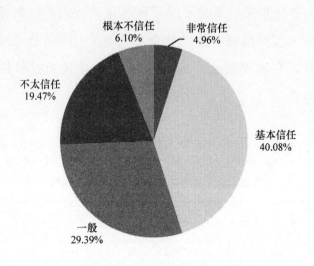

图 6.4 公众对政府科技风险的处理与信任

决策的法理基础，是需要通过较长的时间，以诚意、耐心和毅力在公众的心理上、感情上培育起来的"软结构"，因而它的获得很难，失去却很容易，失而复得可以说是难上加难。而信任的缺失会使民主或其他集体行动陷入瘫痪，马克·E.沃伦认为："由于政治具有着重于将来的特性，集体决定不可避免地包含一些有关未来结果的不确定性，尤其当以安全为基础的政策策略着力于不确定方面时，公众宁愿选择已知的易受伤性而不愿选择未知（或许不可知）未来风险。"①

科技决策中公众对政府的高度依赖性与信任鸿沟的存在，使政府在决策过程中面临着两难悖论的选择。公众对政府的期望过高，政府不得不在公众过高预期中出台规制风险的政策，但出台的政策

---

① ［美］马克·E.沃伦：《民主与信任》，吴辉译，华夏出版社 2004 年版，第 16 页。

可能因为未达到公众的预期，面临着不信任的处境，而且可能因此陷入一个下行的恶性螺旋，公众越不信任，政府在提供人们所要求的需要的东西方面效率就越低；反过来，政府官僚越是以敌意应对他们本该服务的公民们，政府就越是变得无效率，人们就越不信任它。①

（五）"不要在我家后院"现象使政府面临科技风险如何分配的尴尬

城市化和科技的发展带来了日益增长土地利用压力，但随着公众对环境和健康保护意识的萌发，各种类型具有争议的隐含未知风险的科技设施项目的选址也变得更加困难。据环保部数据，自1996年以来，环境事件一直保持年均29%的增速，其中2011年重大事件比上年同期增长了120%，这使得科技决策面临着风险的到底如何分配的棘手问题。

在调查中，对公众在存在未知风险的核电设施或化工厂等在自己所在的地区建立以及在远离自己的地区建立时的态度进行对比。很明显可以看出，公众在这些设施在自己所在地区建立时态度更为谨慎，行为也更为抵触，几乎一半的公众表示完全不接受，占到了45.04%，还有31.33%的公众表示自己参与了解后接受，只有20.99%愿意选择相信专家，认为在专家评估后可以接受，仅有很少公众，2.64%表示完全接受与无所谓；但在当这些设施在远离自己的地方建立时，公众的态度却有了明显的不同，只有20.99%的

---

① William D, Ruckel shaus. Stopping the pendulum. Environmental Toxicology And Chemistry, Vol. 15, No. 3, 1996, pp. 229 – 232.

公众表示完全不接受，更多的公众这时选择相信专家，32.82%的公众认为专家评估后可以接受，还有33.21%的公众表示自己参与后可以接受，另外，还有将近13%的公众表示完全接受与无所谓，如图6.5。这显示出公众在面临科技风险选址时的一种典型态度，即"不要在我家后院"（Not In My Backyard，NIMBY），也称为"邻避效应"。

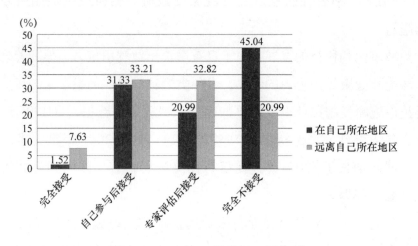

图6.5 公众对未知风险分布的状态

"邻避效应"经常会被看作是贬义词，认为其是逃避社会责任的自私行为，当然也有学者把其看作是一种"社会纠偏"，实际起了一个让更多人受惠的结果。因为它客观上会促使政府对科技风险的评价过程更透明、决策更科学，杜绝了暗箱操作。有研究表明，以自身利益为动力的"邻避效应"对社会影响巨大，2013年慈善蓝皮书指出，2012年的"邻避效应"对政府信息公开的压力远远超过了环境NGO的活动。

不管其是利己主义还是社会纠偏，它确实存在。通常情况下，引发公众反感的公共设施多为有风险存在的工厂单位，如发电厂、化工厂、垃圾填埋场或焚烧厂等。从整个城市来看，这些设施的建设是必需的，但建在自家附近，就让部分公众难以接受，结果就会出现科技决策过程中令人尴尬的难题：社会也许需要这种设施，但是没有社区愿意成为该设施的驻地，"不要在我家后院"现象，当所有的公众都产生这种诉求时，政府到底要把这种设施放到何处？

三 本章小结

本章基于问卷调查的方法，通过了解公众对科技风险的认知、感知与评价，了解公众科技风险感知中对一些价值因素的关注，如风险的可接受性、对政府的信任、公众与专家风险感知的差异以及邻避设施的选址等，并把对调查结果与科技决策中面临的现实情况相结合进行了分析，可以发现，公众对科技风险感知的一些特征、价值观与偏好对科技决策的出台带来了一定的挑战：科技风险可接受性的不一致导致科技决策中标准制定的模糊性；科技风险的难以试错性使科技决策面临很大的不确定性；公众认知与专家认知的不一致导致科技决策中议程设置的挑战；公众的高度依赖性与信任鸿沟使科技决策面临两难悖论的选择；"不要在我家后院"现象使政府面临科技风险如何分配的尴尬。

第七章　风险感知视角下科技决策面临挑战的应对分析

——嵌入公众科技风险感知的优化路径

在科技决策中忽视公众的风险感知会给决策带来一定的挑战，因此，本章从规范的角度探索在科技决策中考虑嵌入公众风险感知的一套原则性、系统性的科技决策优化的思路和建议，对决策过程进行宏观与微观的构建，进行理念与程序上的优化设计：提出在协商民主理念的指导下，从决策前、决策中及决策后纳入公众的风险感知，并对如何在风险评估、风险沟通及后期决策的调适机制中纳入公众风险感知进行了决策程序的具体的构建与设计，如图7.1。

一　科技决策优化的理念设计

在极度不确定、巨大而根深蒂固的风险；多方的利益相关者；受局限和不明确的信息等背景下，最佳的科技决策应该建立在广泛咨询拥有不同利益、信息和技术同行的基础之上，这样的决策制定的理念

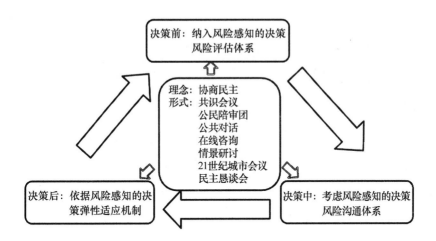

图 7.1　科技决策优化路径

被现代风险情景更加凸显出来。① 目前科技决策的制定需要与大范围的利益相关者预先交流，这能够保证其议程或内容是与公众相联系的，并会导致富有成效的社会和经济结构，感兴趣的或者受影响的相关方虽然可能缺乏专业知识，但可能拥有关键的信息，并经常持有强烈的观点，这些观点在决策过程中无法被忽视。因此，"在风险社会条件下，专家之间分歧的解决之道不在于消除分歧，而在于形成一套适合的制度或机制，扩展对话民主，促进分歧双方之间不断对话，以便更为有效地确定应根据谁的观点进行决策。"②

---

① Funtowicz S O, Ravetz J R. A new scientific methodology for global environmental issues, in Costanza, R. （ed.）, Ecological Economics. The Science and Management of Sustainability, New York：Columbia University Press. 1990.

② 唐皇凤：《风险治理与民主：西方民主理论的新视阈》，《武汉大学学报（哲学社会科学版）》2009 年第 5 期。

（一）科技决策中理念的演化

随着科学在政策中应用的不断深入，科技决策制定者对科学的认知不断发生变化，由最早的"技术至上"（现代模型）开始意识到科学也存在不完美，需要进行预防（预防模型）；接着开始认识到由于不同利益相关者（主要是专家）对政策的形成具有各自的视角和价值观，辩论被认为是必要的，因此对涉及的科学信息划定一个框架，确定辩论的议题（框架模型）；后来又逐渐发现科学信息作为决策过程中的一种信息的输入并非完全正确，可能会因为收益的"诱惑"被人为地组织与加工，因此，需要对提供科学信息的各个领域的专家进行严格的划界（划界模型）；到最后，发现科学在政策过程中的应用中开始出现许多公认的缺憾，加之与政策相关的科学开始被认为具有不确定性、复杂性与语境性，因此为了防止提供科学信息的专家在决策中的完全垄断，开始提倡进行公开的公众对话，在不确定性的科技决策中推行"扩展参与模型"，如表7.1。因此，从科学与决策的角度看，其中理念的演变由之前单纯的官僚技术决策逐步过渡到利益相关者的广泛参与再过渡到公众成为知识生活中的创造者与批评者的"扩展的共同体"，通过扩展的利益相关者的广泛参与以增强科技决策质量控制，提高科技风险评估过程的科学性，确保把风险不确定的后果控制在公众容忍的范围内，增强其结果的可接受度。

表 7.1　　　　　对待科学认知模型的演化（Funtowicz S O，2006）

模型	模型假设	前提	内容	结果	信息主体
现代模型	人类可以无限制控制环境的进步，在物质和道德方面也永无止境	认为科学是完美或趋向完美	以精确证明的方式应用科学事实不可置疑地决定了决策是否正确	推崇技术至上论	专家
预防模型	科技进步不会自动产生，环境控制有可能失败	科学事实本身并不完全正确，政策也是非定论的	科学存在不完美性，在决策中应进行一种附加的规范因素，即预防	预防既保护了决策科学价值，也赋予其合法性	专家
框架模型	由于不同利益相关者对政策的形成具有各自的视角和价值观，辩论被认为是必要的	科学信息是决策过程中重要的信息输入，也是辩论的证据	在决策中给可以解决此问题的、所涉及的相关学科划定一个框架，确定需要辩论的议题	不同的科学学科成为相互竞争的利益相关者	提供科学信息的各个领域的专家
划界模型	科学建议虽然使用的是科学术语，但不能保证这些信息和建议的客观公正，可能科学家会受私利的驱动	政策过程中使用的科学信息和建议可能会受到私自的组织与加工，作为科学的证据有可能被滥用	对提供科学信息的各类组织和个人进行严格划界	倡导保护科学的独立性，防止有损科学诚信的政治干预	提供科学信息的各个领域的专家，不过需要对其进行严格划界
扩展参与模型	科学在政策过程中的应用中开始出现许多公认的缺憾	与政策相关的科学被认为具有不确定性、复杂性、语境性	严格的科学证明的理想将被公开的公众对话所代替，扩展的共同体将会成为决策的组成部分	公众成为扩展的专业共同体中的组成部分，防止专家对科学信息的垄断	专家、公众

从风险感知相对应的决策模型来看决策理念演化的脉络，Sheila Jasanoff 在风险治理中描述了与公众风险感知相对应的决策模型：

现实主义模型、话语主义模型与建构主义模型，这些决策模型在理念蕴含上表现出很大的差异性。

现实主义的决策模型是假设在此框架内的风险是自然与社会过程中一个有形的副产品，它是可以客观地映射、测量与控制，至少在某种程度上是可以控制的，因此现实主义的决策模型往往认为专家是公正的，是权威知识的唯一来源，他们对于风险的感知是优先于外行的感知。在这种假设下，对待科技决策的理念主要在专家建议，认为专家建议是科技决策的重点，而且往往会通过官僚组织对风险信息传播的集中控制来试图纠正公众"错误"的风险感知。

话语主义的决策模型认为关于风险的知识是社会建构的，但在塑造公众的风险感知上它依然强调专业语言（如定量风险评估）和分析的实践（如成本效益分析）的作用。在这样框架下，权威的知识往往由掌握有关正式话语的人或机构创建，而且重要的是，这个框架甚至限制了专家对风险的感知，主要强调的是强势话语在决策中的主导作用。

建构主义的决策模型认为对风险知识的认知是通过不同谈判的过程被社会建构的，认为冲突解决方案的设置范围应从相对封闭的研究实验室扩展到监管听证的公众辩论。根据这个模型，决策过程是通过多个利益相关者之间的互动而产生的，并且每一个基于他们的兴趣和经验知识所做的解释及可用的信息被认为很可能是具有一定的权威性的。因此，在决策中，外行和专家的风险感知都会被纳入其中，因为此模型假设公众和专家可能都包含合法化的社会判断的蕴含。决策理念是允许所有受影响的利益相关者都参与到风险问题的设定、分析与解决问题的过程中去，如表7.2。

表7.2　　　**风险感知相对应的决策模型演化**（Jasanoff S，1998）

模式	认识论	权威的分布	决策风格与理念	
			风格	理念
现实主义模式	现实主义	专家的沟通	管理的	专家建议
话语模式	建构主义	权威性话语拥有者	权威的	权威话语
建构主义模式	建构主义	社会/利益相关者	多元的	公众参与

可以看出，不论从科学与决策的关系，以及公众风险感知相对应的决策模型的演化上，都逐渐将公众的实质性参与引入到对科技决策问题的解决中去，使公众的风险感知渗透到对技术的判断中去，使相互争论的价值观念之间可以进行公开的辩论，科技决策中协商民主的理念开始显现。

（二）科技决策中协商民主的理念

公众在科技决策中被排除在外，其产生的不信任、不平等与不公正的感觉导致公众的对技术的风险感知可能越发强烈，因此在科技决策中想要在一定程度上降低公众的风险感知，促进决策的可接受性与合法性，最好与最直接的办法就是让其参与其中，因为只有通过"民主的社会化"，也就是"只有当个人有机会直接参与同自己生活密切相关的决策时，他才能真正控制自己日常生活的过程"①，因此在科技决策中协商民主的理念开始显现，按照大卫·米

---

① 陈尧：《从参与到协商：当代参与型民主理论之前景》，《学术月刊》2006年第8期。

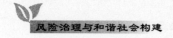

勒的看法，"从这样一个前提出发，即政治选择会出现冲突，而民主制的目的是必须解决这个冲突"。

协商民主是"一种具有巨大潜能的民主治理形式，它能够有效回应文化间对话和多元文化社会认知的某些核心问题。它尤其强调对于公共利益的责任、促进政治话语的相互理解、辨别所有政治意愿，以及支持那些重视所有人的需求与利益的具有集体约束力的政策"。① 在协商之包容性条件的约束下，协商制度的设计可以促进与科技决策问题相关的所有人的观点和意见都有机会得到表达、反映，可以受到决策者平等的对待。因为协商即"公共政策价值的论辩"，是参与者认真考虑了各种实质性信息和理由，并独立作出判断。协商的过程包括各种各样"问题解决"或分析的活动，按照哈贝马斯的说法，协商需受"更多观点及理性力量"的驱动，协商的形式应该是辩论；协商是公共的、包容的；协商应该是排除外在强制的；协商是排除任何可能有损于参与者之平等的内在强制的。协商的目的一般来说"是要达到理性地推动的一致意见，并能无限制地进行或在任何时候回复；协商可以解答任何相关问题；可以用平等有利的方式来调节问题；协商还包括对需要的诠释以及对前政治态度和偏好的改变"。②

由此可以看出协商民主是一种体现了包容性、平等性、多元化、参与性、责任性与程序性的民主，"在协商的视野中，民主不仅是一种政治形式，而且是通过创造参与、交往与表达的适当环境

---

① ［美］乔治·瓦拉德兹：《协商民主》，何莉编译，《马克思主义与现实》2004 年第 3 期。
② ［德］尤尔根·哈贝马斯：《在事实与规范之间：关于法律和民主法治国的商谈理论》，童世骏译，生活·读书·新知三联书店 2003 年版，第 380 页。

来促成平等公民之间自由讨论的一种框架，一种可以确保政治权力回应性与责任性的框架"。① 它不同于投票、利益聚合与宪法权利，它表明对民主真实性的关注，以及民主控制的过程是否是实质性的，是否能使有能力的公众都参与其中。

在具有争议性、不确定性以及风险感知强烈的科技决策过程中引入协商民主的理念，通过决策主体与利益主体之间的平等对话、磋商、讨论、听证、交流、沟通、审议、辩论、争论等协商民主的各种形式，可以使公众很好地以嵌入社会的方式来参与到决策过程中，来表达自己的风险感知，从而使科技决策的过程纳入公众的价值和立场，使决策的过程达到社会知识的最大化，既能提升决策自身的民主性与科学性，同时也可增强公众对其接受性，达成科技决策的公共合意。

（三）科技决策中协商民主理念的具体实践形式

在科技决策协商民主的理念已经开始由单纯的理念开始转向现实，在争议性科技决策中协商民主的理念在许多国家和地区以不同的方式体现出来，概括来说，目前在国外较为普遍的实践形式有共识大会、公民陪审团、公共对话、在线咨询、情景探讨及 21 世纪城市会议等，在中国多表现为听证会及民主恳谈会等。每个形式在具体的操作、目的以及范围上存在一定的差异，如表 7.3，但其中都蕴含着协商民主的理念。

---

① Cohen J. Procedure and substance in deliberative democracy. In Deliberative Democracy: Essays on Reason and Politics, ed. James Bohman and Willaim Rehg. Cambridge: MIT Press. 1997, pp. 407 – 437.

表7.3　　科技决策中协商民主的实践形式（祝侣，刘小玲，2012）

主要方法	具体操作	目　的	范　围
共识会议 Consensus Conference	选取一部分普通公众代表对有争议的科学或技术问题进行评价，并要求专家提供答案，双方交流讨论，最终形成共识的会议形式；共识会议中的特别小组会对科学和技术领域的社会敏感的问题进行调查，并根据调查结果提供一份报告给普通公众	对科学议题可以达到良好的公众普及率；开放透明的过程可以增强公众的信任	全国性的争议性议题
公民陪审团 Citizen's Jury	借鉴刑事陪审团制度，一般会随机选取 12—24 名非专业的利益相关者，在结构化的论坛上对专家证人提供的相关资料进行审议并对其进行询问，并通过小组会议与全体会议的形式就关注的问题进行相互讨论、审议和协商，最后产生一份公民报告形式的建议书	可以使地方政府洞察公民对于新技术的态度和考虑，并促进广泛的公众辩论	侧重于地方性的议题
公共对话 Public Dialogue	主要通过举办讲习班和类似的会议进行对话，其最低目标是要找到一个双方都能接受的妥协	可以听到公众的不同的声音	全国性、地方性的科学议题
在线咨询 Online Consultations	非正式的在线交流商讨，或者通过简单的网上咨询的方式；或者通过邮件或网站评论的方式对有相关主题的回应；或采用较为复杂的结构化模板对方案的评论，决策者可以对相关的观点进行整理，把最终的结果反馈给参与的公众	参与者可以自由发布自己的意见，可以汇聚各方面的观点和意见，使专家小组与社会各界人士之间开展对话交流成为可能	全国性、地方性的科学议题

续表

主要方法	具体操作	目 的	范 围
情景研讨 Scnnario Workshops	参与者首先根据自己的经历与知识对科学议题做出正面或负面的评价，接着对议题未来的发展进行充分的想象；最后对议题行动提出可能性的意见或建议	通过结构化的对话增强了知识积累；在研究发展和社会需求之间建立了联系；确保了所有参与者具有发言权	主要是地方社区的议题
21 世纪城市会议 21st century City Council	先面对面进行小组讨论，然后利用计算机把讨论的结果进行整理，发送给议题的团队中心进行汇总，团队中心提炼观点后将其融入到议题中去，接着把其议题发送到每个讨论的房间，参与者可以针对议题进行独立投票，每个人投票的结果都会显示在大屏幕上	把面对面讨论与现代技术相结合，投票过程透明，反应每个人对议题的意见	国家、地方或社区的议题

在中国，虽然党的十八大报告首次提出并系统论述了社会主义协商民主制度，在党的十八届三中全会提出要进一步推进协商民主朝着多层化、广泛化与制度化的方向发展，但现实中早已有实践的探索，诸如科技决策中采取的听证会、座谈会以及一些借助于互联网的网络论坛等形式，其中比较典型的是浙江省温岭市的"民主恳谈会"，这种"民主恳谈会"被认为是中国商议式民主地方经验的代表，是中国基层民主政治制度创新的较为经典的案例。民主恳谈会实际上是一个公开的听证会，在这里公众可以讨论政府的相关决策，官员和公众之间可以进行平等的对话，不同利益群体之间的利益可以进行相互的协调与沟通。它使当地民众能真正参与到决策过

程中去，正如浙江省温岭市的一位农民所说，他们通过民主恳谈会不仅知道了镇上要干什么，而且对该不该干以及怎么干由他们来决定，因而身边的事情可以由他们这些当地的普通百姓说了算。虽然目前浙江温岭的"民主恳谈会"主要解决与处理的都是当地地方上的一些公共事务，如当地乡镇工业园区的选址、社会治安的综合治理等，但是这种已有制度化、规范化倾向的协商民主的实践形式值得在争议性的科技决策中进行推广，让具有地方知识的公众能真正参与到关于制定科学技术政策的讨论中来，让公众的风险感知得以在决策中体现。

二 设计把公众的风险感知引入科技决策的程序

目前科技决策的制定还基本限于基于定量的风险评估与标准化的方法，缺乏对公众风险感知的考虑，使隐含着复杂社会、心理、行为等因素的科技决策问题，仅仅被局限在纯科学议程的藩篱中，缺乏多元化视角的认识模式，从而在界定和解决未知与不确定性科技问题时，难免存在视野狭隘或偏颇。决策文化不同于科学文化，政策也不是科学，而是科学、权宜考虑、政治、传统、体制安排等因素的杂合体。"最好的技术专家知识在包含价值和原则的问题中也不能是决定性的，而任何关于可接受的风险的决策都必须适用价值问题"。[1] 因此，忽略公众实际考虑与价值偏好的风险评估和科技决策，易引起信任危机与合法性的质疑，也无力应付科学与政策之

---

① Weale A. Science advice, democratic responsiveness and public policy, Science and Public Policy. Vol. 28, No. 6, 2001, p. 414.

间的"超科学"。为了更好地在不确定的、面向未来的情况下制定决策，应考虑引入"非标准化"（non-standard）的科学方法，努力设计把公众的风险感知引入科技决策的程序，构建纳入公众风险感知的风险评估、风险沟通及依据公众风险感知的弹性适应机制，如图7.2。公众的风险感知可以显示出公众的关心与价值；可以作为公众偏好的指示物；记录公众期望的生活方式。因而关注公众的风险感知，有助于为决策者提供多样化的视角，以及多重标准来创造出更全面的科技决策选择。

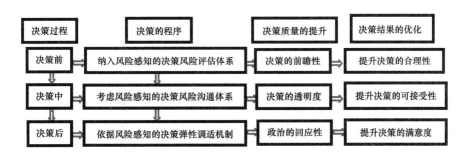

图7.2　引入公众风险感知的科技决策的程序优化过程

（一）决策前——纳入公众风险感知的风险评估，考虑公众的容忍性与接受性

道格拉斯在对风险的相对化中暗含着风险感知和现实风险之间并不存在简单的对等关系。这主要因为在风险评估过程中主观性的渗透。"科学家对技术的风险评估建立在理论模型的基础上，但这些模型的结构同样是主观的、充斥着预设、模型的数据输入同样依赖于判断。正如我们看到的，非科学家也有他们自己的模型、预设以及主观评估技术（直觉性风险评估），这些有时与科学家的模型

大相径庭。"① 诸如在技术风险的特征与公众的风险感知上，相比专家对风险评估时过于关注其造成的预期年度死亡率和发病率这样量的因素不同，公众对技术风险其他质的因素比较敏感，诸如自愿接受性、可控性、个人规避风险的能力、对危险的熟悉程度、毁灭性潜能的认知以及对后代的潜在影响等。斯洛维奇清晰抓住这种说法的本质："外行的人们有时缺乏有关危险的信息。然而，他们对风险的概念化要比专家要丰富得多，其所反映的是专家在风险评估中往往忽略的合情合理的关切。"②

风险感知的早期研究表明公众的关注，不能简单地归咎于无知或不理性。相反，研究表明许多公众对风险的反应可以归因于对技术的敏感性，社会和心理对危害的反应没有很好地在风险技术的评估中得到体现，例如，在风险评估中技术的不确定性，感知到在风险收益分配中的不公平；避免对非自愿、不可控或令人恐惧的风险接触的逃避行为等。③ 往往决策的敏感度越高，对公众的接受度要求就越高，社会价值观在风险感知和风险接受中的作用就变得愈加明显，在具有争议性的科技决策想要获得公众的广泛接受，就必须把公众的风险感知纳入决策评估中，吸纳公众的参与。

传统的技术风险的评估主要侧重于预警，主要为了确定新技术未来的次要影响（有益和有害的）。这项任务是研究技术，以支持政策制定者的"目标"信息，评估者会根据他们的决定来支持或拒

① Slovic P. Trust, emotion, sex, politics, and science: surveying the risk assessment battlefield, Risk Analysis. Vol. 19, No. 4, 1999, pp. 689 – 701.
② Slovic P. Perception of risk. Science, Vol. 236, 1987, pp. 280 – 285.
③ Ibid.

绝一个给定的技术。因此这种评估方式是通过尝试研究技术的影响，从而有意地避免负面影响，促进技术的积极方面，这个过程通常被称为"预警功能"，评估的特点是对关于技术影响信息的收集，是一种静态的技术预测，主要通过对负责开发该技术的人员及科学专家进行咨询来完成。① 传统的技术风险评估是基于这样一个假设，技术是中立的和可预测的，社会价值观是同质的，是一种技术决定论，仅关注于技术本身这个过程，试图促进专家解释技术固有的好处，并限制固有的缺点。

建构性的技术评估将评估的重点从单纯对技术的预测转移到技术设计与开发过程，强调技术评估的环境适应性。建构性评估强调要促使外行的人提高社会学习，认为技术发展的各个阶段特征与相关社会因素的参与密切相关，因此促进广泛的社会关注来替代对技术变量的关注，关注与参与者的对话和前期的互动。社会建构性评估与参与性评估看起来比较类似，但它们对技术评估有不同的焦点与动机，参与性评估关心的是培育社会辩论和民主决策，而社会建构性评估旨在利用参与影响技术变化的选择，从而嵌入社会价值观和保持选择的开放性。② 因此社会建构性评估关注的是技术发展，其之所以强调社会的互动与参与也是为了提高完善技术的解决方案，而参与性评估的关注点是想在技术生命周期的任何点上获取的公共利益是高的或者是增长的，因而参与式评估已从单纯的关注技术转向关注与之相关的社会、生态及文

---

① Van Eijndhoven, Josée. Technology assessment: product or process, Technological Forecasting and Social Change. Vol. 24, 1997, pp. 269-286.

② Ibid.

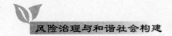

化等问题，关注主要利益相关者在技术评估中的实际介入度，鼓励公众通过共识会议、公共辩论等形式，让专家及社会公众以及其他利益相关者都参与到对技术的讨论中去，通过协商来做出价值上的判断与评价。技术风险评估模式的转变，逐渐由单纯对技术静态预测的预警性风险评估过渡到鼓励公众通过协商表达自己价值观的参与式风险评估，参与式的风险评估把公众纳入风险评估的主体，在科技决策过程中考虑到公众对风险认知的特点，考虑公众对技术的情绪反应，如表7.4。

表7.4　　　　风险评估的方式（Van Eijndhoven，Josée，1997）

方式	假设	关注点	功能	形式	参与者
预警性风险评估	技术是中立和可预测的，社会价值观是同质的	技术本身	对技术的静态预测	对技术的影响信息的收集，主要通过专家咨询	技术人员、科学专家
建构性风险评估	广泛的社会关注可促使外行的人提高技术的社会学习	完善技术的解决方案	完善技术评估的环境适用性	关注与参与者的对话和前期互动	专家、社会公众以及其他的利益相关者
参与式风险评估	技术具有一定的争议性与不确定性，价值具有一定的情景性	与技术相关的社会、文化、生态等社会价值观	培育社会辩论和民主决策	鼓励公众通过共识会议、公共辩论等协商形式做出价值上的判断与评价	专家、社会公众以及其他的利益相关者

专家、决策者与公众在科技决策的风险分析模式中存在着较大的差别，如表7.5。他们对证据的合法性、对不确定性以及对复杂

问题的理解上及分析的范式等都存在一定的差别，因而在对科技决策中涉及技术风险评估的过程中，不仅应关注到专家与决策者的观点，更应该考虑普通公众的价值观，因为"在某种程度上，与科学家相比，地方性知识的拥有者——普通公众往往更具有反省能力。例如在英国著名的'坎布里羊事件'中，牧场主们的'地方性知识'最后证明比科学家的抽象的普遍知识更为可靠，并在相关争论中表现出了对自己主张和知识更强的批判能力。"① 因此只有纳入公众风险感知的风险评估才能使有关技术风险的对话成为一个理智的争论与辩论的过程，使在决策中每个利益相关者潜在的关注与评价标准都能体现出来，从而增加科技决策的公平性、合理性与可实施性。

表7.5　　　　　专家、决策者与公众在科技决策中的风险
分析模式（Savadori L. 2004）

	专　家	政策制定者	公　众
证据来源	科学研究	有用的	大众传媒
支持性证据的合法性	坚持科学性方法	政治、社会和经济意义	已有智慧
冲突性证据的拒绝	坚持科学性方法	权宜的	常识
对确定性和不确定性的理解	概率	特定的情境	极化的（要么确定，要么不确定）
对复杂性问题的理解	分割	有必要知道	受信息来源的限制
对知识的综合	特定的和有限的	政治的、情境性的、工具性	隐性的、经验性和个体化的

① Wynne B. Public understanding of science research：new horizons or hall of mirrors? Public Understanding of Science. Vol. 1, No. 1, 1992, pp. 37 - 44.

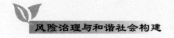

续表

	专　家	政策制定者	公　众
利用知识做什么	增加知识	仅仅应用于当前的情境	增加个体经验
分析范式	科学的	政治的	社会的

一个良好的决策前的技术风险评估，不仅包括自然和技术科学家使用他们的技能，对一个风险源可能诱发的物理伤害进行的估计（包括危害的识别与估计，暴露性与脆弱性的评估等），也包括了社会科学家和经济学家对技术收益与风险的分析与识别。为了这个目的，社会科学的一些方法，如用调查方法、关注小组分析、计量分析、宏观经济建模或与利益相关者听证会等来分析技术的收益与风险；更重要的是还要纳入公众对技术风险的社会关注，纳入被兴趣和经验驱动的利益相关者群体的特有风险视角，社会公众往往会根据自己的风险结构和图像（及风险感知）来应对风险，其中连接了公众一定的期望、想法、希望、恐惧和情绪以及对活动或事件的不确定的后果。无论如何，公众并不使用完全非理性的策略来评估信息，他们在大部分的时间是遵循自己的模式来感知风险和评估风险。因此在科技政策领域最重要的问题是如何应对公众的风险感知，包括不同相关者和公众的反应，尤其公众在风险感知下对技术风险容忍性与可接受性的判断。在科技决策中最具争议性的地方就是对风险的容忍性与可接受性判断的过程。"容忍"一词指的是一个被看作值得追求的活动（为它所带来的利益），但在合理的范围内降低风险的额外努力。"可接受"是风险比较低，因此降低风险

的努力没有必要。① 因此对一项新技术的风险评估模型的框架内应该包含三种关键要素，技术可行性、成本收益的分析和社会的可接受性，只有考虑兼顾了这三种要素的技术（图中的阴影部分）才是最恰当的技术，如图 7.3。

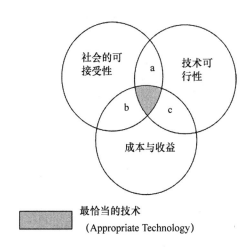

图 7.3　风险评估中最恰当的技术（John Hutton，1991）

（二）决策中——建立考虑公众风险感知的风险沟通体系

作为科技决策过程的一个重要程序，风险沟通在现代社会越来越受到决策者的重视，通过风险沟通提高公众对一些科学技术的科学认知、降低其风险感知，获得其支持，通过沟通还可以听取包括公众在内的不同的意见，权衡得失，预防风险的发生，从而提高决策的科学性与正当性。"决策风险沟通目标不是一个纯粹的信息流的传递，不是一厢情愿去教育公众，不是让有激情的公众有机会发

_____

① Renn O. Risk Governance in a Complex World. Encyclopedia of Applied Ethics, 2012, pp. 846 – 854.

泄自己的情绪，而是希望通过相互学习和交换意见，来充分理解技术内容与社会对风险的担忧，减少决策的错误机会，提高科技决策的正当性。"①

科技决策中早期风险沟通的方式采取的是传统线性关系模式，是一种"由精英向普通公众传递科学和技术信息的过程。"② 这里的主体为专家与政治权威，是他们对公众的一种风险信息的单项传递，对公众提供风险的方式主要靠告知、说服与教育，要求公众按照他们的要求来理解与接受风险。"在决策过程中，所关注的主要是风险的技术层面，而不是公众的价值、关注、恐惧和观念。"③ 这种单向风险沟通的方式焦点在于如何运用媒体来说服公众，达到有效宣传的目的。然后由于科技决策中风险的不确定性，公众与专家风险感知的差异性，公众往往会对这种单一的、片面的、精心包装的风险信息产生怀疑，对风险沟通过程中的专家与政治权威产生了极大的不信任，达不到良好的沟通效果；因此沟通的方式应该转向双向互动的沟通方式，把定位焦点转向以公民为中心，在这种沟通方式中公众不再被视为被动、无知的信息接收者，不再简单地表现为仅为"知情者"，④ 而是会参与其中，专家与政治权威不再视公众对技术风险的感知为无知和非理性，而是应该关注与了解公众的

———————

① 牛惠之：《人类基因数据库的潜在风险议题定性与风险管理模式之研议》，科技发展与法律规范学术研讨会，2006 年 12 月 16 日。

② Krimsky S, Plough A. Environmental hazards: communicating risks as a social process. Dover, MA: Auburn House Publishing Co., 1988, p. 68.

③ Grabill J T, Simmons W M. Toward a critical rhetoric of risk communication: Producing citizens and the role of technical communicators. Technical Communication Quarterly. Vol. 7, No. 4, 1998, pp. 415 - 441.

④ Wynne B. Creating public alienation: expert culturesof risk and ethics on GMOs. Sci. Cult. No. 10, 2001, pp. 445 - 481.

情绪，科技的决策者不再简单地说服公众去接受，而是对公众的风险感知进行合理的回应，进行开放式的双向沟通，商讨双方可以接受的决策方案，使政策制定者们在决策过程开始全面关注风险主体的真实感知，如表7.6。

表7.6 风险沟通方式

沟通的方式	沟通的主体	沟通的特点	考虑的因素	采取的策略	对公众的假设	对风险感知的态度
单项的沟通	专家与政治权威	对风险信息的管理与控制	风险的技术层面	告知、说服、教育	被动的无知的信息接收者	无视公众的风险感知
双向互动的沟通	政府、企业、专家、媒体、公众的多元意见	强调风险信息的社会情境性与社会建构性	公众的价值、关注、恐惧	了解、沟通、商讨	主动的决策参与者	依据风险感知制定针对性的沟通策略

正如道格拉斯所提出的风险感知和现实的风险之间并不是简单的对等关系。"在风险社会中，自反性是风险认识论的核心，而这种自反性最为吊诡的是，风险的无中生有：当公众认为存在某一种风险时，即使这种风险并不存在或不构成真正的威胁，它也会自我放大，从而形成真正的风险。"① 因此在科技决策的风险沟通中不仅要正确处理准确科学的风险数据，也要考虑公众的风险感知，不仅要了解风险的物理危害，更要了解公众的情绪，还要与风险主体的

① 罗永仕：《技术风险的规避是一种悖谬——以风险社会理论来看》，《学术界》2011年第3期。

"感知"相结合，针对不同的组合，进行细分化、差异化的处理，制定有针对性的沟通方案，如表7.7。

表7.7　　　　　　　结合风险感知的针对性的沟通方案

危害/感知	沟通类型	目　标	关键词
危害高/感知低	提倡预防 （Precaution Advocacy）	向缺乏风险感知的公众预警严重的风险	小心！
危害低/感知高	愤怒管理 （Outrage Management）	针对小的风险，安慰过于不安的公众	冷静！
危害高/感知高	危机沟通 （Crisis Communication）	恰当地帮助公众应对严重的风险	我们将会共渡难关！
危害与感知都处于中等的水平	利益相关者 （Stakehoder Delations）	与感兴趣的公众讨论一个重要而并不紧急的风险	您是怎么想的？

显然，风险沟通是风险感知与科技决策之间不可或缺的联系。由于两者的高度相关性，风险沟通方案需要一个描述风险沟通各个组成部分以及相关社会心理过程的模型构建，如图7.4。这样的沟通模型阐述了特定的问题类型，目标受众以及与之相关的公众的态度和行为，可以有助于认识到风险沟通活动的成功与不足的具体原因。

该模型表达了最终结果变量，即降低了风险行为＜D＞。首先关于一个危险＜A＞，公众对此是否确定不只是通过信息的沟通、教育计划＜E＞而是一个复杂的评价过程＜B-C与G-H-I＞，包括之前的态度与感知＜N，O＞，和个人特征的影响＜K，L，

M＞，以及多方面的因素，例如，信息源和信息渠道的属性＜F＞，权威、机构的行为措施＜Y＞，以及家庭、同事、朋友和社区的归属＜J＞。整个过程被嵌入到一个文化的健康与安全取向中＜X＞。而图中的反馈循环表明，风险降低的行为＜D＞旨在减轻危险的影响＜A＞。此外，通常情况下个人往往是将他们的活动与他们的社交网络联系在一起＜J＞或接近相关的权威＜Y＞。

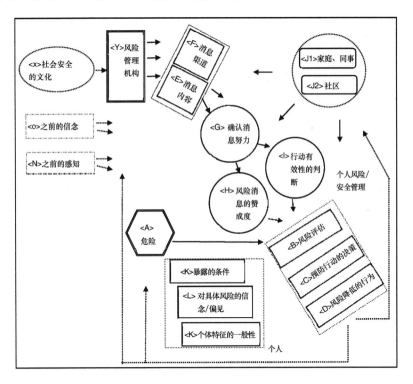

图 7.4　嵌入风险感知的风险沟通的过程框架

从上述嵌入风险感知的风险沟通的模型中可以看出要沟通中要注意三个关键的问题，一是在个体特征上要注重对公众层次的划分；二是在风险权威机构的行为措施方面要注重信任的建立；三是

在信息源和信息渠道的属性上要注重新媒体对科技风险的社会放大。

一是在个体特征上要注重对公众层次的划分，信息的提供必须与它针对的特定受众相关，关注目标受众的需求。不同的公众风险感知不同，沟通的方式应该有所差别。因此要注重对风险沟通中的目标受众的分析，区分受众层次。一般在风险沟通中，会涉及几类大的目标受众：一类是主要的目标受众，也就是主要的利益相关者，一般处于风险初始的空间范围；另一类便是次要的目标受众，即次要的利益相关者，他们没有处在风险威胁的核心区域范围内，但还会受到相关的影响；最后一类便是关注性的受众，即无直接利益相关者，风险对他们并没有产生影响，但他们可能由于一定的价值驱使或其他原因，对此十分关注。因此在风险沟通过程中要运用诸如民意调查、访谈以及焦点小组等形式来获取和了解各个层次公众有关风险感知的信息，尤其是要利用现代便利的多媒体工具，来不断掌握不同层级的公众最为担心或最为关注的风险是什么，了解他们的动机与关注、不满与抱怨，从而根据目标公众具体不同的风险感知、具体不同的风险需求来制定有针对性的沟通方案，确保决策者以不同的方式来回应不同受众，从而达到更好的沟通效果。

二是在风险权威机构的行为措施方面要注重信任的构建。获取的信息并不等同相信这些信息，如果决策者与公众之间的信任没有建立，那么风险沟通就很困难。有学者就指出，风险沟通的努力之所以只能取得有限的效果，可以归咎于信任的匮乏，如果公众信任风险管理者，沟通就相对要容易些，如果缺少信任，则没有任何一种沟通的形式或过程能达到令人满意的效果。^① 但在科技决策中建立高度的社会信任是很难的。研究表明，公众的知情权、参与权，接受度与信任之间的联系，比想象的要复杂得多。任何直接增加信任的努力，比如通过提供更多的公共信息，或改善信息获取，而不解决公众相关的忧虑，可能会失败，甚至有可能适得其反。^② 因此可以尝试在风险沟通中提升信息的透明度，对公众的关注进行制度性的回应，为了使公众接受风险分析过程及其结果，过程必须是透明的，在尊重合法性、保持保密性（如专有信息或数据）的前提下，风险分析的透明度包括过程开放和有可供利害关系人审查相关数据的渠道，有供风险管理者、公众与利害关系人之间双向沟通的渠道，这些都是实现透明化的关键；另外公开更多的信息和更多的机会参与决策过程也有可能促进利益相关者之间的信任，让公众对生产厂区进行开放参观，对有关风险的安全防护和安全管理措施进行全面宣传，对公众的关注提供直观可信的信息资料与科学依据等，认真听取公众的需要，并让公众实质性地参与其中，而不仅仅是走形式与过场。

三是在信息源和信息渠道的属性上要注重新媒体对科技风险的社会放大。科技风险具有隐匿与不确定等特性，这样的特性决定了仅凭借个人力量去认知风险是相对不容易的，尤其是在面对公众不能直接感知的风险时，公众都会依靠媒体来进行风险的认知与判断。而新媒体由于其本身所具有的快速发布、即时共享、用户制

① Fessenden R, Heath J S. Providing risk information in communities: factors influencing what is heard and accepted. Science Technology & Human, Vol. 12, No. 3-4, 1987, pp. 94-101.

② Oliver Todt. The limits of policy: Public acceptance and the reform of science and technology governance. Technological Forecasting&Social Change. Vol. 78, No. 3, 2011, pp. 902-909.

造、高介入性的传播形态，往往容易形成对科技风险的议程设置，产生风险的社会放大。加之公众目前对科技风险的获取渠道又主要来自于新媒体，所以对新媒体所具有的对科技风险议程设置的功能要重视，防止新媒体引发的科技风险的社会放大。要对新媒体在对科技风险的报道中加强监管，进行一定的规范。科技报道时态度要谨慎，要明白科技风险报道不同于娱乐化的报道，不能一味追求噱头，追求夺人眼球，追求哗众取宠，对其进行戏剧性的解释，增加社会恐慌。而且新媒体不能只对科技风险进行简单的报道，而应该在报道的同时承担起科技风险规避意识与能力的教育责任，开展一定的科普宣传，充当信息沟通的"使者"，把专业的科技风险概念"通俗化"，把晦涩难懂的科技知识以其能够理解的语言传递给公众，把科学语言通俗化，转化为具有可译度的信息，从而在一定程度上消除公众风险感知的偏差，改变公众科技风险知识水平状态缺乏的状态，提升对科技风险的辨别能力，提高风险沟通的效果。

（三）决策后——建立依据风险感知的决策动态的弹性调适机制

人们过去的经历和群体的内在交流机制往往对风险感知具有决定性的影响，人们在信息中的暴露程度、选择相信的信息、曾经有过的社会经历，利益团体的活动机制、制度的合法性、政治过程的变动和事件发生的历史背景等因素都会深刻影响公众的风险感知。因此，公众的风险感知不可能一成不变，它是会发生转变的，一些重大的事故灾难或公共危机的发生、技术负面效应的显现以及公众偏好的改变（对风险与收益评价的改变）这些都会导致公众风险感知的转变，如表7.8。

表7.8　　　　　　　　　　　公众风险感知转变的因素

风险感知转变的因素	具 体 事 例
事故灾难或公共危机的发生	1979 年三里岛核事故、1986 年切尔诺贝利核事故、2011 福岛核事故，每次事故都引发了公众对核能风险感知的改变，公众对核能的抵制声浪提高，认为核能很难成为一种主要的长期能源等，而且核电站灾难甚至还提高了公众对其他复杂技术（如化工制造和基因工程）的关注程度
技术负面效应的显现	人类历史上，DDT 曾作为最普通的化工产品和最流行的杀虫剂广为使用，但后来发现其对鸟类种群、鱼类和其他野生动物产生了不利的影响，加之蕾切尔·卡逊在《寂静的春天》中描述的致癌性（具有一定的争议），使公众对 DDT 的风险感知发生了转变，大部分国家已经禁止把 DDT 用作农业杀虫剂
公众偏好的转变	在中国，随着公众环保意识的觉醒，相比生态环境，经济发展带给人们的边际效用开始逐步递减，人们的偏好随之发生了转变，据 2010 年中国公众环保指数显示，73.2% 的公众在经济发展和环境保护中会优先选择环境保护，环保选择具有压倒性优势，另外认为我国环保已经很紧迫的公众比例将近九成（86.8%），因此在公众偏好发生转变的情况下，公众的风险感知也随之发生变化，对环境的敏感性增强，导致环境抗争事件频发

　　公众风险感知随着一些重大的事故灾难或公共危机、技术负面效应及公众的偏好发生了转变，但政策往往由于一定的惰性，对此反应迟钝，没有做出及时地适应调整或调整出现一定的延迟性，就会出现两者的失衡与不相适应，导致公众信任危机的产生，以及公众对政策合法性的质疑。要想获得公众的重新接受与支持，必须促进科技决策与公众感知达到重新地适应平衡，重新达到有效耦合的状态，就需在决策后期建立灵敏的反应机制、动态的调适机制，增强政策的适应性，如图7.5。"所谓政策的适应性就是指，面对环境变化等因素造成的种种不确定性时，一个制度发现

和纠正现有缺陷、接受新信息、学习新知识、尝试新方法、应对新挑战、改进制度运作的能力。"①

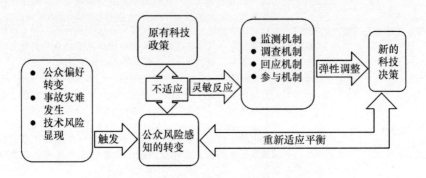

图 7.5　依据风险感知政策动态的调适机制

以依赖于公众接受度的核能政策（一个全球范围内公众感知的转变可能会影响全球核电政策甚至能源政策的转变）的变迁来看，从人类和平利用核能以来，世界范围共发生了 3 次比较著名的核事故，每次事故后公众风险感知的改变都带来核电政策的调整，如图 7.6。

1979 年美国三里岛核反应堆事故，虽没有人因受辐射而死，但引发了公众对核能风险感知的改变，不仅导致了拥有与运作核电站的公用事业公司的倒台，还给整个核工业和社会带来了许多其他的后果——包括更严格的管理法规，世界范围内核反应堆运行的减少，公众对核能的抵制声浪提高，以及认为核能很难成为一种主要的长期能源的感知的产生等，这一核电站灾难甚至提高了公众对其他复杂技术（如化工制造和基因工程）的关注程度；而 1986 年的

---

① 王绍光：《学习机制、适应能力与中国模式》，《开放时代》2009 年第 7 期。

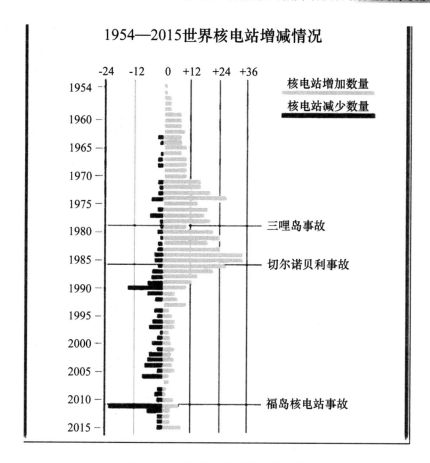

图 7.6　三次核事故对核电的影响

切尔诺贝利核事故和 2011 年福岛核事故的发生进一步加深了公众对核能的风险感知，尤其是福岛核事故的发生，这次事故的发生恰巧正处于全球出现和平利用核能强劲势头的时候，有人称之为核复兴，在全球范围内，自从 1979 年三里岛事故和 1986 年切尔诺贝利核事故几十年后核电发展出现了上升最快的趋势，在 2010 年，在世界范围内，共有 16 个核电项目开始建设，这是自 1980 年以来世

界范围内最多的一次,[1] 但福岛核事故的发生却触发了全球核能源政策的大调整,[2] 大部分国家减少了核电站的建设,如表7.9。

表 7.9 福岛核事故前后核电站的建设数量

组 织	国家	核事故之前	核事故之后
经合组织国家	加拿大	51	43
	美国	53	47
	澳大利亚	13	9
	法国	66	58
	德国	34	26
	印度	28	24
	瑞士	40	34
	日本	62	39
	韩国	65	64
	中国	83	70
非经合组织国家	印度	58	49
	俄罗斯	63	52
全球平均数		57	49

数据来源：WIN-Gallup International，2012.

德国决定在 2022 年之前关闭所有的核电站，意大利则禁止了核电站在本国的发展。另外由于事故的性质也影响到了公众对核电的风险感知，国际原子能机构认为，福岛核事故是由于对自然灾害防御设计上的缺陷、缺乏监管、对事故管理不善以及没有很好的应急处理措施等诸多方面因素所造成的，因此在事故发生后各个国家

---

[1] IEA. World Energy Outlook. Paris：International Energy Agency，2011.

[2] Hughes L. The Fukushima nuclear accidentandits effect on global energy security Masatsugu Hayashi, Energy Policy，Vol. 59，2013，pp. 102－111.

对核电的发展都采取了相应的安全措施，并通过了越来越严格的安全法规，使全球核能的发展比发生事故前更为安全。① 在中国，福岛核事故后"对在运、在建的核电站进行了安全大检查，制定了最严格的安全标准，与国际标准对接，参考国际原子能机构推荐的新标准、新理念，全面改进国家核应急准备与响应工作，并要求各核设施运营单位按照新标准完善应急措施；加强顶层设计，进行统筹规划，不断建立健全国家核应急综合体系"（杨漾，2016）。②

想要保证科技决策能快速实现对公众风险感知转变的灵敏反应，就需建立对公众风险感知的监测机制、调查机制、回应机制以及公众参与机制，从而可以敏锐感知并准确判断公众的风险感知是否发生了变化以及变化程度，在进行准确分析和有效判断的基础上，明辨信息分类，从而明确了解政策的问题界限，适时调整政策，创造新的决策规则。其中对公众风险的监测机制与对公众需求的调查机制是前提，想要具有可预测的政策适应目标，就必须首先通过对信息的分析与研判了解公众的风险感知的转变，了解公众新的需求，为决策的调整与适应提供信息的依据与参考，没有他们就没有对整体趋势的预判；而对公众风险感知的回应机制则是最为关键的环节，斯塔林认为"政府的回应是指政府对公众的需求作出快速反应的行动"。政府只有根据反馈的信息，对公众新的风险感知进行快速回应，对公众关注的问题进行积极解释，对公众产生的新的需求进行敏锐的反应，对决策中出现的问题、方案进行改正、调

----

① IAEA. Statement at press conference. Available at IAEA Web site：http：//www. iaea. org/newscenter/statements/2012/amsp2012n005. htmlS. 2012 - 03 - 05.

② 杨漾：《福岛核事故五周年，重启后的中国核电做了哪些安全提升？》，澎湃新闻，http：//www. thepaper. cn/newsDetail_ forward_ 1442801，2016 年 3 月 11 日。

整与完善，这样才能真正保证科技决策能尊重公众的风险感知，体现公众的风险感知，而且回应并不仅仅意味着对决策的纠偏与调整，还伴随着对遭受原有政策损害的公众进行相应的救济和补偿，对原有政策的相关决策者进行评价与追责；而公众的参与机制则是基础，政府只有在新政策议题和政策框架的设置过程中与民众、社会团体、新闻媒体和专家学者等进行积极的互动，通过多种方式构建公众需求表达机制与渠道，才能使新的决策得到公众真正的认同，如表7.10。

表7.10　　　　　　　　　　对公众风险感知转变的反应机制

机　制	目　的	方　式
对风险感知的监测机制	公众的风险感知不会一成不变，通过日常的监测提升对风险感知转变的敏感度	通过对大数据的分析、公众舆情的研判等方式实时监测公众风险感知的变化
对公众需求的调查机制	通过信息分析研判公众需求的变迁规律与趋势，提供公众关注与情感的焦点	通过民意调查、大数据挖掘等定期收集和分析社会公众风险感知转变后的新需求
对风险感知的回应机制	对公众新的风险感知进行回应，对公众的需求和所提出的问题做出积极敏锐的反应和回复	政府根据公众的风险感知对自身整体的政策供给水平进行科学的评估，发现出现的偏差和谬误，随时进行动态调整
公众的参与机制	创造一种开放的结构，增强政策的弹性与适应性，舒缓公众与社会的张力	推行政策听证、民主恳谈、公民议事会等方式，构建公众需求多元表达机制

由于公众风险感知的不断变化，因此设计一个最佳的长期政策组合从一开始便是不可能的，必须建立良好的学习机制和开放的政

策网络，充分发挥大数据的优势，对大数据进行科学采集、处理和分析，利用大数据来有效地预测政策发展趋势、模拟政策效果，促进科技决策的实时性和连续性，更好地回应公众需求，[①] 从而能更好地根据公众风险感知的变化对政策做出及时调整。

---

① 马丽：《我国公共决策研究新动向》，《学习时报》，http：//123. gmw. cn/2015 - 07/23/content_ 16385299. htm, 2015 年 7 月 20 日。

第八章　总结与展望

一　结论

　　本书提出了公众风险感知带给科技决策的困境，在梳理其出现的时代背景及个体特征的基础上，对公众风险感知带来科技决策的困境进行了经验分析与实证分析，并认为目前在公众风险感知视域下科技决策面临困境的本质原因在于"真理同权力的对话"的传统科技决策体制，在这种体制下，科技决策主要表现为科技专家负责输入事实，政治家负责输出政策，是一种典型的假设公众在科学面前无知的"缺失模型"，这种模型最终造成了正如罗莎与克拉克提出的一个技术僵局：公民为一端，决策者、专家和管理者为另一端的两极化局面，[①] 导致了科学文化与人文文化的分裂，工具理性与价值理性的背离，从而使一个既不合格、政治上又未经合法性的精英群体有太多的权力把科技风险或风险

---

①　Rosa E A, Clark, D L. Historical Routes to Technological Gridlock: Nuclear Technology as Prototypical Vehicle, Research in Social Problem and Public Policy. Vol. 22, No. 7, 1999, pp. 21 - 57.

政策强加于全体公众之上。① 在科学不确定不断显现的背景下，公众风险感知日益强烈的背景下，要改变这种现状，就要在科技决策过程中努力建构一种建立在全新理念上的"民主模型"，用互动的决策过程来代替当前规定性的和封闭性的决策模型，使更多社会力量进入决策过程，选择与公众进行双向的对话与沟通，而不是独白式的话语霸权，对大众的需求进行政治回应，对公众可接受的风险进行交流，使不同的知识体系和论述都能进入和参与到决策的过程中并在这个过程中得以呈现，通过各自的反思与平等的协商、对话，体认到不同知识体系的合法性；推进科技决策的程序建设，构建纳入公众风险感知的风险评估、风险沟通及依据公众风险感知的弹性适应机制。从而一定程度上缓解科技决策面临的困惑，舒缓科技与社会的张力，增强政策的合法性与可接纳度。具体说就要求在社会强健度（social robustness）和认知正确性（epistemic quality）之间找到一个平衡点，使科技决策从单薄的"客观正确性"转向"社会强健度"。

二　研究展望

第一，本书对公众科技风险感知带给科技决策的挑战及优化的研究主要着眼于宏观的、笼统的视角，未来的研究应该对其细化分化深入研究，诸如研究环境决策、能源决策及转基因等争议性技术中公众的具体风险感知及对决策造成的挑战，并提出有针对性的差

---

① ［瑞士］萨拜因·马森、［德］彼德·魏因：《专业知识的民主化：探求科学咨询的新模式》，姜江、马晓琨等译，上海交通大学出版社 2010 年版，第 67 页。

异化的优化策略。

第二，本书在对调查数据的分析上，仅采用了描述统计的方法，对研究主题的深入分析带来了一定的限制，后期计划对研究主题开展的实证研究方法进一步扩展，从而对研究做进一步细致、科学的分析。

附录 A 当代大学生科技风险感知的
行为特征调查

亲爱的朋友：

您好！

人们在不断发展新的科学技术，科学技术在给人类发展提供强大动力的同时，也带来了巨大的风险，如核风险、化学产品风险、基因工程风险、生态灾难风险、电脑黑客以及网络陷阱等。伴随着这些风险日益突出和严重，世界各国政府和科学界都在努力尽可能减少科技发展所带来的风险。然而，这需要广大公众的有力支持，特别是当代大学生的支持。本研究目的是为了了解当代大学生对科技风险的认识水平及行为反应，仅用于学术研究。本问卷没有设定标准答案，请按照自己的真实想法填写即可。

一 基本资料

1. 您的性别。　　　　□男　　　　□女
2. 您的专业。　　　　□文科　　　□理科　　　□工科
3. 你上大学前的户口类型。　　□城市　　　　　□农村
4. 您认为您的性格。　　□外向　□偏外向　□内向　□偏内向

二 问题

1. 您经历过下面哪种科技风险？

☐化学毒物风险　　　☐核风险　　　　☐基因工程风险

☐环境灾难风险　　　☐电脑黑客与网络陷阱

☐其他_____　　　　☐都未经历过

2. 您一般关注下面哪一类的科技风险？

☐化学毒物风险　　　☐核风险　　　　☐基因工程风险

☐环境灾难风险　　　☐电脑黑客与网络陷阱　　☐其他_____

3. 您对此类科技风险的关注度如何？

☐会刻意查询与此相关的报道

☐与此有关的报道出现时会关注

☐与此有关报道出现时会偶尔关注一下

4. 您在多大程度上接受科技发展带来的风险？

☐完全接受　　☐基本可以接受　　☐在安全可控的情况下接受

☐完全不接受

5. 您认为转基因食品对人体是否有伤害？

☐没伤害　　　☐肯定有伤害　　　☐应该有伤害

☐不清楚

6. 您会接受转基因食品吗？

☐会接受　　☐基本接受　　☐一般　　☐不接受

☐完全不接受

7. 您认为网络黑客风险在现代社会普遍吗？

☐非常普遍　　☐比较普遍　　☐不是很普遍

☐很少

8. 您认为生态灾难（如严重的环境污染）如果发生是否可以控制？

□完全能控制　　　□基本可以控制　　　□不可以控制
□根本无法控制

9. 您认为核风险发生后是否可以控制？

□完全能控制　　　□基本可以控制　　　□不可以控制
□根本无法控制

10. 您认为化学毒物风险（如某种致癌物）如果发生是否可以控制？

□完全能控制　　　□基本可以控制　　　□不可以控制
□根本无法控制

11. 如果某地发生了核泄漏或化学产品泄漏事件，一段时间后专家与有关部门称已安全，您会选择去该地旅行吗？

□肯定会去　　　□基本会去　　　□应该不会去
□肯定不会去

12. 您最担心哪种科技风险在您的身边发生？

□核风险　　　□环境灾难风险　　　□基因工程风险
□化学毒物风险　　□电脑黑客与网络陷阱　　□其他＿＿＿＿

13. 您最担心此类科技风险的原因。［多选题］（可以选2个以上的选项）

□后果难以控制　　　□后果难以预料　　　□后果可能很严重
□对身体的伤害最大　　　□与自己的生活最为密切

14. 您目前获取了解科技风险方面信息的最主要途径？

□电视/报纸广播　　□政府信息公开　　□新媒体（网络、手机）
□周边人群　　　□学校/社会组织　　　□其他＿＿＿＿

15. 您是否拥有自己的电脑？　□是　　　　　□否

16. 您是否经常网上购物？　□经常　　□偶尔　　□从不

17. 您平均每天使用电脑上网的时间？

□低于两个小时　　　　　□两个小时到五个小时之间

□五个小时以上

18. 您平均每天使用手机上网的时间？

□低于两个小时　　　　　□两个小时到五个小时之间

□五个小时以上

19. 您是否经历过关于科技风险系统的学校教育（包括小学、中学、大学）？

□是　　　　□ 否

20. 您觉得大学是否应该具有科技风险方面教育的必要？

□有必要　　□ 没有必要

21. 您对核风险带给人体健康的危害是否了解？

□非常了解　□大致了解　□不清楚　□根本不清楚

22. 您对雾霾带给人体健康的危害是否了解？

□非常了解　□大致了解　□不清楚　□根本不清楚

23. 您对重金属中毒带给人体健康的危害是否了解？

□非常了解　□大致了解　□不清楚　□根本不清楚

24. 您了解什么是 PM 2.5 吗？

□非常了解　□大致了解　□不清楚　□根本不清楚

25. 您了解手机电脑等电子产品的辐射对人体产生的具体伤害吗？

□非常了解　□大致了解　□不清楚　□根本不清楚

26. 您在超市购买食品时,是否关注过转基因食品的标识?

□关注过   □从未关注过

27. 下面说法是否正确吗?受到或可疑受到放射性污染的人员应清除污染,最好的方法是洗淋浴。

□正确   □错误   □不太清楚

28. 下列说法是否正确?喝绿茶、吃木耳、戴口罩这些措施有助于减少核辐射。

□正确   □错误   □不太清楚

29. 下列说法是否正确?提前吃点碘药,可以在一定程度上预防核辐射对身体的伤害。

□正确   □错误   □不太清楚

30. 下面说法是否正确?室内摆放绿色植物盆栽可以大大降低 PM 2.5。

□正确   □错误   □不太清楚

31. 下列说法是否正确?重金属中毒后喝牛奶可以缓解其病情。

□正确   □错误   □不太清楚

32. 您觉得以下哪个因素对您在认知科技风险的过程中产生较大影响?

□媒体因素   □政府因素   □学校因素

33. 假设您收到一条关于可能会造成健康威胁的科技风险方面的短信或留言,您会(   )。[多选题](可以选 2 个以上的选项)

□会立即用手机短信转发给亲朋好友

□会立即用微信分享到朋友圈或用 QQ 群转发给亲朋好友

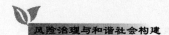

□会考证后再用手机短信转发给亲朋好友

□会考证后再用微信分享到朋友圈或用 QQ 群转发给亲朋好友

□根本不会去理会它

34. 假设您收到一条不会影响健康的科技风险方面的短信或留言，您会（　　　　）。［多选题］（可以选 2 个以上的选项）

□会立即用手机短信转发给亲朋好友

□会立即用微分享到朋友圈信或用 QQ 群转发给亲朋好友

□会考证后再用手机短信转发给亲朋好友

□会考证后再用微信分享到朋友圈或用 QQ 群转发给亲朋好友

□根本不会去理会它

35. 您愿意参与到科技风险规制政策的制定过程中去吗？

□非常愿意　　　□一般　　　□不太愿意　　　□很不愿意

36. 2013 年 10 月，社会备受关注的《中华人民共和国食品安全法（修订草案送审稿)》向社会公开征求意见，您是否参与提供了意见建议？

□有　　　　　　　　□没有

37. 你没有提供意见建议的原因？［多选题］（可以选 2 个以上的选项）

□缺乏获取相关信息的途径

□没有相关专业知识背景

□觉得自己的意见建议没有意义

□觉得自己的意见建议不会被采纳

□觉得与自己不太相关

□不愿意

38. 如果以后有诸如与科技风险规制方面有关的法律法规征求意见建议,您是否会提意见建议?

□应该会提意见建议

□应该不会提意见建议

□看情况

问卷到此结束,非常感谢您的合作,祝您学习进步,生活愉快!

附录 B　公众科技风险感知调查

亲爱的朋友：

　　您好！

　　随着现代科学技术的不断发展，生产效率得到提高，财富的分配和不平等已经有效地改善，但人类却面临着诸如核风险、基因产品风险、化学产品风险及生态灾难风险等。伴随着这些风险日益突出和严重，世界各国政府和科学界都在努力尽可能减少科技发展所带来的风险，然而这需要广大公众的有力支持。本研究目的是为了了解现阶段公众对科技风险的认识水平及对其规制政策看法态度，本问卷没有设定相关的标准答案，只需按自己的真实想法做即可以。请在□中勾出您的选择。

一　基本资料

1. 你的年龄。

□20 岁以下　　　□20～29　　　□30～39　　　□40 岁以上

2. 你的性别。

□男　　　　　□女

3. 你的职业。

☐事业机关单位

☐企业公司员工

☐个体经营者

☐教师/研究人员

☐失业待业人员

☐离退休人员

☐学生

☐其他

4. 你的教育程度。

☐初中及以下　☐高中/职业技术学校　☐大学/大专

☐硕士及以上

二　问题

1. 你是否亲身经历过由科技发展所带来的风险或灾难？

☐有　　　　　☐没有

2. 您对下面哪些科技风险有一定的了解？

☐核发展带来的风险

☐化学产品风险

☐转基因食品风险

☐生态灾难带来的风险

☐其他

3. 您通常通过哪些渠道了解关于科技风险的信息？（可多选）

☐电视/报纸广播

□政府信息公开

□新媒体（网络手机）

□周边人群

□学校/社会组织

□其他

4. 您觉得以下哪个因素对您在认知科技风险的过程中产生较大影响？

□媒体因素　　□政府因素　　□社会因素

5. 您认为传统媒体（电视报纸）针对科技风险的报道是否及时真实？

□非常及时真实　　□基本及时真实　　□一般

□不及时不真实　　□根本或几乎不报道

6. 您认为新媒体（网络手机等）对科技风险的报道是否及时真实？

□非常及时真实　　□基本及时真实　　□一般

□不及时不真实　　□根本或几乎不报道

7. 您在多大程度上接受科技发展带来的风险？

□完全接受　　□基本可以接受

□在安全可控的情况下接受　　□完全不接受

8. 您对政府部门目前针对科技风险的处理上是否信任？

□非常信任　　□基本信任　　□一般　　□不太信任

□根本不信任

9.1 您对核风险带给人体健康的危害是否了解？

□非常了解　　□大致了解　　□不清楚　　□根本不清楚

9.2 您认为这种危害如果发生是否可以控制?

□完全能控制　　□基本可以控制　　□不可以控制

□根本无法控制

9.3 您认为政府在针对核风险的规制政策上。

□完全到位　　□基本到位　　□不太到位

□根本不到位　　□不清楚

10.1 您对化学产品风险（如某种致癌物）带给人体健康的危害是否了解?

□非常了解　　□大致了解　　□不清楚　　□根本不清楚

10.2 您认为这种危害如果发生是否可以控制?

□完全能控制　　□基本可以控制　　□不可以控制

□根本无法控制

10.3 您认为政府在针对化学产品风险的规制政策上（　　）。

□完全到位　　□基本到位　　□不太到位

□根本不到位　　□不清楚

11.1 您对生态灾难（如严重的环境污染）带给人体健康的危害是否了解?

□非常了解　　□大致了解　　□不清楚　　□根本不清楚

11.2 您认为这种危害如果发生是否可以控制?

□完全能控制　　□基本可以控制　　□不可以控制

□根本无法控制

11.3 您认为政府在针对生态灾难的规制政策上（　　）。

□完全到位　　□基本到位　　□不太到位　　□根本不到位

□不清楚

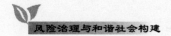

12.1 您认为转基因食品对人体是否有伤害？

☐没伤害　　☐肯定有伤害　　☐应该有伤害　　☐不清楚

12.2 您会接受转基因食品吗？

☐会接受　　☐基本接受　　☐一般　　☐不接受

☐完全不接受

12.3 您认为政府在针对转基因食品的规制政策上（　　）。

☐完全到位　　☐基本到位　　☐不太到位　　☐根本不到位

☐不清楚

13. 在科技风险事件发生后，您认为以下哪个最有能力对其进行处理？

☐政府有关部门　　☐相关社会团体　　☐个人　　☐家庭

14. 您认为政府在制定科技风险规制政策的过程考虑公众的感受了吗？

☐完全考虑　　☐基本考虑　　☐基本没考虑　　☐完全没考虑

☐不确定

15. 您信赖专家对科技风险的安全性评估结果吗？

☐完全信赖　　　　☐基本信赖　　　　☐一般

☐不太信赖　　　　☐根本不信赖

16. 您愿意参与到科技风险规制政策的制定过程中去吗？

☐非常愿意　　☐一般　　☐不太愿意　　☐很不愿意

17. 您认为目前公众难以参与到科技风险规制政策的制定过程主要在于（　　）。（可多选）

☐缺乏渠道　　☐缺乏制度　　☐缺乏专业方面知识

☐缺乏话语权　　☐缺乏操作技术　　☐其他

18. 如果某地发生了核泄漏或化学产品泄漏事件，一段时间后专家与有关部门称已安全，您会选择去该地旅行吗？

□肯定会去　□基本会去　□应该不会去　□肯定不会去

19. 在存在未知风险的核电设施或化工厂等在您所在的地区建立时，您会（　　）。

□完全接受　　　□在自己参与了解后可以接受

□在专家安全评估后可以接受　　　□完全不接受

□无所谓

20. 在存在未知风险的核电设施或化工厂等在远离您的地区建立时，您会（　　）。

□完全接受　　　□在自己参与了解后可以接受

□在专家安全评估后可以接受　　　□完全不接受

□无所谓

参考文献

Beck U. The Risk Society. *Towards a New Modernity*. London: Sage. 1992.

Beierle T C, Cayford J. *Democracy in practice: public participation in environmental decisions*. Washington, D C: Resources for the Future . 2002.

Bella D A, Mosher C D, Calvo S N. Technocracy and trust: Nuclear waste controversy. *Journal of Professional Issues in Engineering*, Vol. 114, 1988.

Besley J C, Public engagement and the impact of fairness perceptions on decision favorability and acceptance. *Science Communication*, Vol. 32, 2010.

Besley J C, Does fairness matter in the context of anger about nuclear energy decision making? *Risk Analysis*, Vol. 32, 2012.

Beth A, Power B. Perception, and adaptation: Exploring gender and social environmental risk perception in northern Guanajuato, *Mexico Geoforum*, Vol. 69, 2016.

Bickerstaff K, Walker G. Participatory local governance and transport planning. *Environment and Planning A*, Vol. 33, No. 3, 2001.

Bohnenblust H, Slovic P. Integrating technical analysis and public values in risk-based decision making, *Reliab Engng Syst Safety*, Vol. 59, No. 1, 1998.

Bradbury J A. The policy implications of differing concepts of risk. *Science Technology & Human Values*, No. 3, 1989.

Bradshaw M. Integrated review of public perceptions of shale gas impacts. *M4 Shale Gas Consortium*. 2016.

Breyer S. *Breaking the vicious circle: toward effective risk regulation.* Cambridge: Harvard University Press. 1993.

CohenJ. *Procedure and substance in deliberative democracy.* In Deliberative Democracy: Essays on Reason and Politics, ed. James Bohman and Willaim Rehg. Cambridge: MIT Press. 1997.

Connor M, Siegrist M. Factors influencing people's acceptance of gene technology: the role of knowledge, health expectations, naturalness, and social trust. *Science Communication*, Vol. 32, 2010.

Douglas M, Wildavsky A B. *Risk and culture: an essay on the selection of technical and environmental dangers.* Berkeley and London: Univ. of California Press. 1982.

dr Aleksandra Lis, Instytut Sobieskiego, Uampublic Controversies Over Shale Gas In Europe-Germany. http: //infolupki. pgi. gov. pl/en/society/public-controversies-over-shale-gas-europe-germany. 2014 – 07 – 24.

Drottz B M. *Perception of risk: studies of risk attitudes, perceptions and definitions.* Center for Risk Research, Stockholm School of Economics. 1991.

Dryzek J S. *Deliberative democracy and beyond: liberals, critics, contestations.* Oxford: Oxford University Press. 2000.

Earle T C, Cvetkovich G T. *Social trust: toward a cosmopolitan society.* Westport, CT: Praeger. 1995.

Earle T C, Siegrist M. On the relation between trust and fairness in environmental risk management. *Risk Analysis*. Vol. 28, 2008.

Eurobarometer 420. *Attitudes of citizens towards shale gas in selected European regions.* Report. Brussels: European Commission. 2015.

Fessenden R, Heath J S. Providing risk information in communities: factors influencing what is heard and accepted. *Science Technology & Human.* Vol. 12, No. 3 – 4, 1987.

Fiorino D J. Citizen participation and environmental risk: A survey of institutional mechanisms. *Science Technology & Human Values,* No. 15, 1990.

Fischhoff B, et al. How safe is safe enough? A psychometric study of attitudes towards technological risks and benefits. *Policy Science,* No. 9, 1978.

Fischhoff B, Lichtenstein S, Slovic P, Derby S L, Keeney R L. *Acceptable risk.* Cambridge: Cambridge University Press. 1981.

Flynn J H, Burns W, Mertz C K, Slovic P. Trust as a determinant of opposition to a high-level radioactive waste repository: analysis of a structural model. *Risk Analysis,* No. 12, 1992.

Funtowicz S O, Ravetz J R. *A new scientific methodology for global environmental issues,* in Costanza, R. (ed.), Ecological Economics. The

Science and Management of Sustainability, New York: Columbia University Press. 1990.

Funtowicz S O. *Why knowledge assessment?* In A. S. Guimaraes Pereira, S. Guedes vaz and S. Tognetti (eds), Interface between Science and Society, Sheffieid: Greenleaf Publishing. 2006.

Gerold R, Liberatore A. Report of the working group "democratizing expertis and establishing scientific reference systems. Uerope Union, 19 – 22. http: //ec. europa. eu/governance/areas/group2/reportorten. pdf. 131 – 135. 2001.

Grabill J T, Simmons W M. Toward a critical rhetoric of risk communication: Producing citizens and the role of technical communicators. *Technical Communication Quarterly*. Vol. 7, No. 4, 1998.

Greenberg M. How much do people who live near major nuclear facilities worry about those facilities? Analysis of national and site-specific data. *Journal of Environmental Planning and Management*. Vol. 52, 2009.

Harding R. *Environmental decision-making: the roles of scientists, engineers and the public.* Sydney: The Federation Press. 1998.

Heriard D G, Schneider T. *Rehabilitation of the living conditions in the contaminated territories after chernobyl: the ETHOS project.* The 2nd VALDOR Symposium Adressing Transparency in Risk Assessment and Decision Making, Stockholm, Sweden, No. 6, 2001.

Holtgrave D R, Weber E U. Dimensions of risk perception for financial and health risks. *Risk Analysis*, Vol. 13, No. 5, 1993.

Hutton J. *Medical device innovation and public policy in the European eco-*

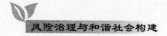
nomic community. Washington: The National Academies Press. 1991.

Hughes L, The Fukushima nuclear accidentandits effect on global energy security Masatsugu Hayashi. *Energy Policy*, No. 59, 2013.

IEA. World Energy Outlook. Paris: International Energy Agency. 2011.

IAEA. Statement at press conference. Available at IAEA Web site: /http: // www. iaea. org/newscenter/statements/2012/amsp2012n005. htmlS. 2012 – 03 – 05.

Joss S. Danish consensus conferences as a model of participatory technology assessment: An impact study of consensus conferences on Danish Parliament and Danish public debate. *Science and Public Policy*, Vol. 25, 1998.

Kahneman D, Slovic P, Tversky A. *Judgment under uncertainty*: *Heuristics and Biases*. Cambridge: Cambridge University Press. 1982.

Kaplan A M, Haenlein M. Users of the world, Unite! The challenges and opportunities of social media. *Business Horizons*. Vol. 53, No. 1, 2010.

Kasperson R E, Pijawka D K. Social Response to Hazards and Major Hazard Events: Comparing Natural and Technological Hazards. *Pulic administration review*, No. 45, 1983.

Kasperson R E, Renn O, Slovic P et al. The social amplification of risk: a conceptual framework. *Risk Analysis*, Vol. 8, No. 2, 1988.

Kasperson R E. The social amplification of risk, progress in developing and integrative framework of risk. *Journal of Social Philosophy*, No. 3, 1992.

Kloprogge P, Van Der Sluijs J P. The inclusion of stakehoder knowledge

and perspectives in integrated assessent of climate change. *Climatic Change.* Vol. 75 , No. 3 , 2006.

Krimsky S, Plough A . *Environmental hazards*: *communicating risks as a social process.* Dover, MA: Auburn House Publishing Co. 1988.

Marzur A. Nuclear power, chemical hazards, and the quantity of reporting. *Minerva*, No. 28 , 1990.

Mattias J. Trust and risk perception in western europe: a cross-national study. *Risk Analysis*, Vol. 23 , 2003.

McComas K A, Besley J C, Yang Z. Risky business: Perceived behavior of local scientists and community support for their research. *Risk Analysis*, Vol. 28 , No. 2 , 2008.

Miranda Sara, Shazade Jameson, Karin Pfeffer, Isa Baud. Risk perception: The social construction of spatial knowledge around climate change-related scenarios in Lima Liliana, *Habitat International*, No. 54 , 2016.

Nakayachi K, Cvetkovich G. Public trust in government concerning tobacco control in Japan. *Risk Analysis*, Vol. 30 , No. 3 , 2010.

Oliver Todt. The limits of policy: pulic acceptance and the reform of science and technology governance. *Technological Forecasting&Sccial Change.* Vol. 78 , 2011.

Pasqualetti M J, Pijawka D. *Nuclear Power*: *Assessing and Managing Hazardous Technology.* Boulder, CO. : Westview, 1984.

Pidgeon N F. Risk assessment, risk values and the social science programme: Why we do need risk perception research. *Reliability Engi-*

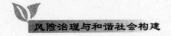

neering and System Safety, Vol. 59, 1998.

Renn O, Pateman C. *Participation and democratic theory*. Cambridge: Cambridge University Press. 1970.

Renn O, Burns W J, Kasperson J X, Kasperson R E, Slovic P, 1992. The social amplification of risk: theoretical foundations and empirical applications. *Journal of Social Issues*. Vol. 48, No. 4, 1992.

Renn O, Webler T, Wiedermann P. *Fairness and competence in citizen participation: evaluating models for environmental discourse*. Dordrecht: Kluwer. 1995.

Renn O. The role of risk perception for risk management. *Reliab Engng Syst Saf.* Vol. 59, 1998.

Renn O. *A model for an analytic deliberative process in risk management*. Environmental Science and Technology, Vol. 33, 1999.

Renn O, Grahamp P. *Risk governance towards an integrative approach*. Report: International Risk Governance Council. 2005.

Renn O. *From risk analysis to risk governance: new challenges for the risk professionals in the era of post-modern confusion*. Davos, Switzerland: 3 Extended Abstracts of International Disaster Reduction Conference. 2006.

Renn O. Risk Governance in a Complex World. *Encyclopedia of Applied Ethics*. 2012.

Rohrmann B. A socio-psychological model for analyzing risk communication processes. Australasian Journal For Disaster Studies. http://www.massey.ac.nz/~trauma/issues/1999-1/rohrmann.htm. 2000.

Savadori L. Expert and Public perception of risk from biotechnology. *Risk Analysis*, No. 5, 2004.

RAO Engineering. *Nanoscienceand nanotechnologies: Opportunities and Uncertainties*. Science Policy Section. The Royal Society Royal. London: RS/RAE. 2004.

JasanoffS. The political science of risk perception, *Reliability Engineering and System Safety*. Vol. 59, No. 1, 1998.

Siegrist M, Cvetkovich GT. Perception of hazards: the role of social trust and knowledge. *Risk Analysis*, No. 20, 2000.

Siegrist M, Connor M, Keller C. Trust, confidence, procedural fairness, outcome fairness, moral conviction, and the acceptance of gm field experiments. *Risk Analysis*. Vol. 32, No. 8, 2012.

Sjöberg L. *Center for risk research: a review of work* 1988 – 1991, Rhizikon: Risk Research Report No. 8, Center for Risk Research, Stockholm School of Economics. 1992a.

Sjöberg L. Risk perception and credibility of risk communication, *Risk Research Reports*. 1992b.

Sjöberg L. Risk perception of nuclear waste experts and the public. Rhizikon. Risk Research Report 16. Stockholm School of Economics. *Center for Risk Research*. 1994.

Sjöberg L. A discussion of the limitations of the psychometric and cultural theory approaches to risk perception. *Radiation Protection Dosimetry*, Vol. 68, 1995.

Sjöberg L. Risk perceptions by politicians and the public, Rhizikon. Risk

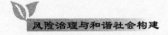

Research Reports, Stockholm School of Economics, *Center for Risk Research*, No. 24, 1996.

Sjöberg L. Explaining risk perception an empirical and quantitative evaluation of cultural theory. *Risk Decision Policy*, No. 2, 1997.

Sjöberg L. World views, political attitudes and risk perception. *Risk Hlth, Saf Environ*, No. 9, 1998.

Sjöberg L. *Perceived competence and motivation in industry and government as factors in risk perception.* Social Trust and the Management of Risk. London: Earthscan. 1999a.

Sjöberg L. The psychometric paradigm revisited. Royal Statistical Society Conference, University of Warwick, No. 7, 1999b.

Sjöberg L. Perceived risk and tampering with nature. *Journal of Risk Research*. Vol. 3, No. 4, 2000.

Sjöberg L, Jansson B, Brenot J, Frewer L, Prades A., Tønnessen A. *Risk perception in commemoration of chernobyl: a cross-national study*, Rhizikon: Risk Research Report No. 33, Center for Risk Research, Stockholm School of Economics. 2000.

Sjöberg L. Limits of knowledge and the limited importance of trust. *Risk Analysis*. Vol. 21, 2001. Sjöberg L. The allegedly simple structure of experts' risk perception: an urban legend in risk research. *Sci Technol Human*. Vol. 27, 2002a.

Sjöberg L. Attitudes to technology and risk: going beyond what is immediately given. *Policy Sciences*. Vol. 35, 2002b.

Skitka L J, Do the means always justify the ends, or do the ends sometimes justify the means? A value protection model of justice reasoning. *Personality and Social Psychology Bulletin* Vol. 28, 2002a.

Skitka L J, Mullen E, Understanding judgments of fairness in a real-world political context: a test of the value protection model of justice reasoning. *Personality and Social Psychology Bulletin* Vol. 28, 2002b.

Skitka L J, Winquist J, Hutchinson S, Are outcome fairness and outcome favorability distinguishable psychological constructs? A meta-analytic review. *Social Justice Research* Vol. 16, 2003.

Slovic P, Fischhoff B. Lichtenstein S. Rating the risks. *Environment.* Vol. 21, No. 3, 1979.

Slovic P. Informing and educating the public about risk. *Risk Analysis*, Vol. 6, No. 4, 1986.

Slovic P. Perception of risk. *Science*, Vol. 236, 1987.

Slovic P, Flynn J H, Layman M. Perceived risk, trust and the politics of nuclear waste. *Science.* Vol. 254, 1991.

Slovic P. Trust, emotion, sex, politics, and science: surveying the risk assessment battlefield, *Risk Analysis.* Vol. 19, No. 4, 1999.

Stern P C, Fineberg H V. Understanding risk: informing decisions in a democratic society, *Journal of Radiological Protection.* Vol. 17, No. 3, 2009.

Stine D D. *Science and Technology Policymaking*, A Primer. Congressional Research Service Reports. 2009.

The DECC WAVES opinion tracker. https: //www. gov. uk/government/ collections/ public-attitudes-tracking-survey. 2016 – 01 – 21.

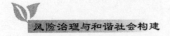

Thompson M, Ellis R, Wildavsky A. *Cultural Theory*. Boulder Colo. : Westview Press; Westport, Conn. : Praeger. 1990.

Todt O. The limits of policy: pulic acceptance and the reform of science and technology governance. *Technological Forecasting & Sccial Change*, No. 78, 2011.

Turnpenny J, LorenzoniI. Where Now for Post-Normal Science?: A Critical Review of its Development, Definitions, and Uses. *Science Technology & HumanValues*. Vol. 36, No. 3, 2011.

Tyler T R. Social justice: Outcome and procedure. *International Journal of Psychology*, Vol. 35, 2000.

Van Eijndhoven, Josée. Technology assessment: product or process, *Technological Forecasting and Social Change*. Vol. 24, 1997.

Walker V R. Risk regulation and the "faces" of uncertainty. *Risk: Health, Safety & Environment*. Vol. 27, 1998.

Wallquist L, Visschers VHM, Siegrist M. Antecedents of risk and benefit perception of CCS. *Energy Procedia*, No. 4, 2011.

Waltner D T, Wall E. Emergent perplexity: In search of post-normal questions for community and agroecosystem health. *Social Science & Medicine*. Vol. 45, No. 11, 1998.

Wangui E E. Livelihood shifts and gender performances: space and the negotiation for labor among East Africa's Pastoralists. *Ann. Assoc. Am. Geogr.* Vol. 104, No. 5, 2014.

Weale A. Science advice, democratic responsiveness and public policy. *Science and Public Policy*. Vol. 28, No. 6, 2001.

Whitmarsh L, Nash N, Upham P, Lloyd A, Verdon J, Kendall J M. UK public perceptions of shale gas hydraulic fracturing: The role of audience, message and contextual factors on risk perceptions and policy support. *Applied Energy*. Vol. 160, 2015.

William D. Ruckel shaus. Stopping the pendulum. *Environmental Toxicology and Chemistry*, Vol. 15, No. 3, 1996.

Wynne B. Institutional mythologies and dual societies in the management of risk. Springer Berlin Heidelberg. *Global Environ. Change*, No. 6, 1982a.

Wynne B. *Rationality and ritual: the windscale inquiry and nuclear decisions in britain*. Chalfont St. Giles: British Society for the History of Science. 1982b.

Wynne B. Public understanding of science research: new horizons or hall of mirrors? *Public Understanding of Science*. Vol. 1, No. 1, 1992a.

Wynne B. Misunderstood misunderstanding: social identities and public uptake of science. *Public Understand Science*, No. 1, 1992b.

Wynne B. Uncertainty and environmental learning: reconceiving science and policy in the preventive paradigm. *Global Environmental Change*. Vol. 2, No. 2, 1992c.

Wynne B. Creating public alienation: expert culturesof risk and ethics on GMOs. *Sci. Cult*, No. 10, 2001.

Wynne B. May the Sheep Safely Graze? *A Reflexive View of the Expert-Lay Knowledge Divide*. London: Sage. 2004.

WIN-Gallup International, Impact of Japan Earth quakeon views about

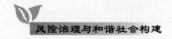
nuclear energy. http: // www. nrc. co. jp/report/pdf/110420_ 2. pdfS. 2012 – 05 – 09.

Ren X Y, Che Y, Yang K, Yun T. Risk perception and public acceptance toward a highly protested Waste-to-Energy facility, *Waste Management*. Vol. 48, 2016.

［美］A. 班杜拉:《思想与行动的社会基础: 社会认知论》, 林颖译, 华东师范大学出版社 2001 年版。

《"后院保卫战": 利己主义还是社会纠偏?》, http: //news. xinhuanet. com/local/2013 – 07/20/c_ 116617612_ 2. htm, 2013 年 7 月 20 日。

［意］S. O. 福特沃兹、［英］J. R. 拉维茨:《后常规科学的兴起（上）》, 吴永忠译,《国外社会科学》1995 年第 10 期。

［英］安东尼·吉登斯:《现代性的后果》, 田禾译, 译林出版社 1989 年版。

［英］安东尼·吉登斯:《现代性与自我认同》, 赵旭东、方文、王铭铭译, 生活·读书·新知三联书店 1998 年版。

［英］安东尼·吉登斯:《失控的世界》, 周红云译, 江西人民出版社 2001 年版。

［英］安东尼·吉登斯、乌尔里希·贝克、斯科特·拉什:《自反性现代化现代: 社会秩序中的政治、传统与美学》, 赵文书译, 商务印书馆 2001 年版。

［德］奥尔特温·雷恩、［澳］伯内德·罗尔曼:《跨文化的风险感知》, 赵延东、张虎彪译, 北京出版社 2007 年版。

［英］彼得·泰勒 – 顾柏、［德］詹斯·O. 金:《社会科学中的风

险研究》，黄觉译，中国劳动社会保障出版社 2010 年版。

波通社：《波兰页岩气开采热潮趋冷》，http：//china. huanqiu. com/
News/mofcom/2015－06/6701835. html，2015 年 6 月 16 日。

陈尧：《从参与到协商：当代参与型民主理论之前景》，《学术月
刊》2006 年第 8 期。

陈一鸣：《美页岩气开采遭民众抵制》，环球网国际新闻，http：//
world. huanqiu. com/depth_ report/2013－03/3781745. html，2013
年 3 月 30 日。

樊纲：《渐进改革的政治经济学分析》，上海远东出版社 1996 年版。

范春梅、贾建民、李华强：《食品安全事件中的公众风险感知及应
对行为研究——以问题奶粉事件为例》，《管理评论》2012 年第
1 期。

［美］格雷厄姆：《寂静的春天续篇》，罗进德、薛励廉译，科学技
术文献出版社 1988 年版。

郭宇宽：《聚焦浙江县级市温岭的"民主恳谈会"》，http：//
www. zj. xinhuanet. com/newscenter/2004－02/18/content_ 1640856.
htm，2004 年 2 月 18 日。

［瑞士］海尔格·诺沃特尼、［英］彼得·斯科特、［英］迈克尔·
吉本斯：《反思科学：不确定性时代的知识与公众》，冷民等译，
上海交通大学出版社 2011 年版。

胡象明、王锋：《一个新的社会稳定风险评估分析框架：风险感知
的视角》，《中国行政管理》2014 年第 4 期。

互联网使用与公众的社会风险感知，人民网，http：//media. people.
com. cn/GB/22114/150608/150619/17201663. html，2012 年 2 月

23 日。

黄和节：《警惕传媒沦为风险制造者》，《新闻实践》2007 年第 1 期

黄杰、朱正威、王琼：《风险感知与我国社会稳定风险评估机制的健全》，《西安交通大学学报（社会科学版）》2015 年第 2 期。

黄少华：《论网络空间的人际交往》，《社会科学研究》2002 年第 4 期。

江晓原、刘兵：《科学的异域》，华东师范大学出版社 2008 年版。

蒋俊杰：《我国重大事项社会稳定风险评估机制：现状、难点与对策》，《上海行政学院学报》2014 年第 2 期。

李瑞昌：《风险、知识与公共决策》，天津人民出版社 2006 年版。

刘刚：《风险规制：德国的理论与实践》，法律出版社 2012 年版。

刘金平：《理解·沟通·控制：公众的风险认知》，科学出版社 2011 年版。

罗永仕：《技术风险的规避是一种悖谬——以风险社会理论来看》，《学术界》2011 年第 3 期。

［美］马克·E. 沃伦：《民主与信任》，吴辉译，华夏出版社 2004 年版。

马丽：《我国公共决策研究新动向》，《学习时报》，http：//123. gmw. cn/2015 – 07/23/content_ 16385299. htm，2015 年 7 月 20 日。

［英］迈克尔·吉本斯等：《知识生产的新模式：当代社会科学与研究的动力学》，陈洪捷、沈文钦等译，北京大学出版社 2011 年版。

［英］尼克·皮金、［美］罗杰·E·卡斯帕森、［美］保罗·斯洛

维奇：《风险的社会放大》，谭宏凯译，中国劳动社会保障出版社
　　2010 年版。

牛惠之：《人类基因数据库的潜在风险议题定性与风险管理模式之
　　研议》，科技发展与法律规范学术研讨会，2006 年 12 月 16 日。

欧阳君君：《后常规科学时代公共决策模式的转变》，《福建行政学
　　院学报》2013 年第 3 期。

［美］乔治·瓦拉德兹：《协商民主》，何莉编译，《马克思主义与
　　现实》2004 年第 3 期。

［瑞士］萨拜因·马森、［德］彼德·魏因：《专业知识的民主化：
　　探求科学咨询的新模式》，姜江、马晓琨等译，上海交通大学出
　　版社 2010 年版。

［美］史蒂芬·布雷耶：《打破恶性循环：政府如何有效规制风
　　险》，宋华琳译，法律出版社 2009 年版。

［英］斯科特·拉什：《风险社会与风险文化》，王武龙编译，《马
　　克思主义与现实》2002 年第 4 期。

［英］斯科特·拉什：《经济全球化时代的风险文化与风险社会》，
　　王武龙编译，薛晓源、周战超主编，《全球化与风险社会》，社会
　　科学文献出版社 2005 年版。

［英］斯科特·拉什：《风险社会还是焦虑社会?》，赵延东编译，
　　芭芭拉·亚当、乌尔里希·贝克编著《风险社会及其超越》，北
　　京出版社 2005 年版。

唐皇凤：《风险治理与民主：西方民主理论的新视阈》，《武汉大学
　　学报（哲学社会科学版)》2009 年第 5 期。

唐明良：《环评行政程序的法理与技术——风险社会中决策理性的

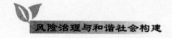
形成过程》，社会科学文献出版 2012 年版。

［美］托马斯·R. 戴伊：《理解公共政策》，彭勃译，华夏出版社 2004 年版。

王绍光：《学习机制、适应能力与中国模式》，《开放时代》2009 年第 7 期。

魏艾：《浅谈新闻的涵化作用——以 2009 年至 2010 年〈明镜〉周刊涉华报道为例》，《新闻世界》2011 年第 1 期。

［德］乌尔里希·贝克：《从工业社会到风险社会（上篇）——关于人类生存、社会结构和生态启蒙等问题的思考》，王武龙译，《马克思主义与现实》2003 年第 3 期。

［德］乌尔里希·贝克：《风险社会》，何博闻译，译林出版社 2004 年版。

徐浩、王伟：《环境冲突风险治理中的风险沟通：影响因素与关键命题》，《云南行政学院学报》2015 年第 4 期。

薛桂波：《从"后常规科学"看环境风险治理的技治主义误区》，《吉首大学学报（社会科学版）》2014 年第 1 期。

薛桂波：《负责任的科学咨询何以可能——科学家参与公共决策的伦理思考》，《中国科技论坛》2015 年第 1 期。

薛可、王丽丽、余明阳：《受众对 PX 项目的风险感知模型建构研究——基于社交媒体使用的视角》，《西南民族大学学报（人文社科版）》2016 年第 3 期。

［德］尤尔根·哈贝马斯：《在事实与规范之间：关于法律和民主法治国的商谈理论》，童世骏译，生活·读书·新知三联书店 2003 年版。

原二军：《页岩气开发面临诸多风险》，《中国环境报》，http：//
news. bjx. com. cn/html/20130222/419001 – 4. shtml，2013 年 2 月
22 日。

杨漾：《福岛核事故五周年，重启后的中国核电做了哪些安全提
升?》，澎湃新闻，http：//www. thepaper. cn/newsDetail＿ forward＿
1442801，2016 年 3 月 11 日。

张月鸿、武建军、吴绍洪、刘登伟：《现代综合风险治理与后常规
科学》，《安全与环境学报》2008 年第 5 期。

赵成根：《民主与公共决策研究》，黑龙江人民出版社 2000 年版。

祝侣、刘小玲：《国外促进公众参与技术预见的举措及启示》，《科
技管理研究》2012 年第 8 期。

中国科协发布第九次中国公民科学素养调查结果，新华网，ht-
tp：//education. news. cn/2015 – 09/19/c＿ 128247007. htm，2015
年 9 月 19 日。

后　记

　　本书是在笔者博士学位论文的基础上整理出版的，在此感谢中国社会科学出版社编辑刘艳女士的支持与帮助。回顾论文的写作过程，感慨颇多，记得经常会把小孩哄睡着之后继续挑灯夜读，会在繁忙的教学工作之后挤出时间来进行写作，经常一坐就是一整天。但是在论文完成出版之际，回头看这些都觉得那么的值得。除了自己的辛苦与付出，在此期间还有诸多给予我深刻影响和无私帮助的人，在此向他们表示衷心的感谢。

　　要特别感谢我的导师宋伟教授，宋教授渊博的学识、开阔的理论视野、严谨的治学态度、深厚的学术底蕴、豁达的心态以及对学生的关爱与宽容不仅令我景仰，而且使我受益匪浅，在导师点拨后自己经常会有醍醐灌顶、豁然开朗的感觉。记得在刚考上博士时，宋教授提出让我在对之前群体性事件研究的基础上，可以扩展对社会风险的研究，并给了我具体的研究思路，让我深受启发，使之前感觉已然陷入瓶颈的研究有了新的方向。

　　感谢我的爱人和年迈的公婆，正是你们的全力支持，才让我得以全力投入本书的写作，感谢我的儿子，是你的懂事，减轻了我对

后 记

你的牵挂，使我有更多的精力专心于阅读、思考和写作。由于我要专注于学业，感到对你们的关心不够，这使我时感内疚。但你们却毫无怨言，谢谢你们！

感谢我所在的工作单位西南科技大学马克思主义学院的领导和同事对我的理解和支持，使得我有比较充分的时间完成本书。

由于受到个人能力与时间等因素的限制，本书难免有疏漏之处，这促使我在今后工作与学习中继续努力。"业精于勤，荒于嬉；行成于思，毁于随。"我将以此自勉，鞭策自己不断前行。

最后，谨以此本书献给在天堂里的妈妈，您离开已经快 15 年了，女儿一直在努力，并将一直努力下去。

孙壮珍

2016 年 12 月 1 日

159